農業用鋼矢板水路の
腐食実態と長寿命化対策

― 補修・補強・更新への性能設計 ―

鈴木哲也・浅野　勇・石神暁郎
編　著

養　賢　堂

農業用鋼矢板水路の腐食実態と長寿命化対策
—補修・補強・更新への性能設計—
編集委員会

五十音順，カッコ内：所属

浅野　勇*（国立研究開発法人　農業・食品産業技術総合研究機構農村工学研究部門）

五十嵐　正之（共和コンクリート工業株式会社）

石神　暁郎*（国立研究開発法人　土木研究所寒地土木研究所）

稲葉　一成（新潟大学自然科学系）

大野　剛（共和コンクリート工業株式会社）

大高　範寛（日鉄建材株式会社）

上條　達幸（田中シビルテック株式会社）

川邉　翔平（国立研究開発法人　農業・食品産業技術総合研究機構農村工学研究部門）

島本　由麻（北里大学獣医学部）

鈴木　哲也*（新潟大学自然科学系）

藤本　雄充（日鉄建材株式会社）

山内　祐一郎（NTC コンサルタンツ株式会社）

*：編著者

まえがき

　農業生産には水と土の資源化が不可欠であるが，その基礎となる農業水利施設が注目されることは少ない．近年，既存施設の維持管理の重要性が見直されることに伴い，本書の対象である鋼矢板水路の腐食実態と長寿命化対策が議論されている．鋼矢板水路は，水田が広がる軟弱かつ低湿地帯に多用されてきた．しかし，鋼材である材料的特徴から腐食劣化が進行し，各地で座屈破壊などの技術的課題が報告されている．

　本書は，鋼矢板水路の腐食実態を踏まえた補修工法や性能評価法を開発している農業農村工学分野の研究者と技術者が中心となり取りまとめたものである．著者らは，本書を執筆する前年に新潟県新潟市において実施した平成 29 年度腐食鋼矢板技術講習会において「鋼矢板水路の腐食実態と補修・補強対策」(2017 年 11 月発行) を取りまとめた．この議論を踏まえて本書の主な対象を農業農村工学技術者とし，鋼矢板水路に関する基礎的知見から実環境での実態，調査診断法，機能回復法および性能評価法について詳説した．第 1 章では，鋼矢板材の種類と材料特性について基礎的知見を取りまとめた．第 2 章では，鋼矢板水路の腐食実態とその地域特性を新潟県と北海道の事例を中心に実証的議論を試みた．第 3 章では，腐食鋼矢板水路の再生工法を補修，補強および更新の観点から議論した．第 4 章では，非破壊検査による腐食実態の同定方法を取りまとめた．第 5 章は以上のまとめとし，腐食鋼矢板水路の長寿命化における性能設計の留意点と残された技術的課題を中心に議論を取りまとめた．これら一連の記述は，既存施設の実態調査や技術開発に関する最新の研究成果である．読者である多くの農業農村工学技術者の問題解決における一助になればと希望している．

　最後に，本書の執筆にご協力いただいた農林水産省，北陸農政局，北海道開発局，関係都道府県，市町村および民間企業の方々に，深く敬意と感謝の意を表す次第である．

2019 年 10 月

編著者一同

目　次

まえがき ……………………………………………………………………………………… 3

第 1 章　鋼矢板の種類と材料特性 …………………………………………………… 14

1.1　はじめに …………………………………………………………………………… 14

1.2　用語の定義 ………………………………………………………………………… 14

1.3　鋼矢板の種類と製造方法 ………………………………………………………… 15

   1.3.1　普通鋼矢板 ……………………………………………………………………… 15

   1.3.2　軽量鋼矢板 ……………………………………………………………………… 15

1.4　鋼矢板の材料特性 ………………………………………………………………… 17

   1.4.1　鋼矢板の化学成分および機械的性質 ……………………………………… 18

     （1）ハット形鋼矢板 …………………………………………………………… 18

     （2）U 形鋼矢板 ………………………………………………………………… 18

     （3）軽量鋼矢板 ………………………………………………………………… 18

   1.4.2　鋼矢板の形状寸法・断面性能 ……………………………………………… 19

     （1）ハット形鋼矢板 …………………………………………………………… 19

     （2）U 形鋼矢板 ………………………………………………………………… 20

     （3）軽量鋼矢板 ………………………………………………………………… 20

   1.4.3　継手効率 ………………………………………………………………………… 21

1.5　鋼矢板の腐食代を考慮した場合の断面性能 ………………………………… 22

1.6　鋼矢板の構造形式 ………………………………………………………………… 27

   1.6.1　自立式護岸 ……………………………………………………………………… 27

   1.6.2　切梁式護岸 ……………………………………………………………………… 29

   1.6.3　タイロッド式護岸 ……………………………………………………………… 31

1.7　鋼矢板の腐食 ……………………………………………………………………… 32

   1.7.1　鋼矢板の腐食機構 ……………………………………………………………… 32

   1.7.2　腐食に影響する環境要因 ……………………………………………………… 33

（1）淡水中における腐食 ······························34

　　（2）大気中における腐食 ······························34

　　（3）土壌中における腐食 ······························36

　1.7.3　鋼矢板の腐食速度 ································36

1.8　防食と腐食後の対策 ································37

　1.8.1　腐食代による対策 ································37

　1.8.2　防食塗装による対策 ······························38

　1.8.3　コンクリート被覆による対策 ··························38

　1.8.4　電気防食による対策 ······························38

　　（1）外部電源方式 ································39

　　（2）流電陽極方式 ································39

参考文献 ······································40

第2章　鋼矢板水路の腐食実態と地域特性 ····················42

2.1　はじめに ····································42

2.2　鋼矢板水路の特徴と腐食実態 ··························43

　2.2.1　鋼矢板水路の変状 ································43

　2.2.2　鋼矢板水路の腐食進行と性能低下 ······················43

　2.2.3　地震時に発生する鋼矢板水路の損傷 ······················45

　2.2.4　鋼矢板水路の保全対策と劣化シナリオ ····················46

2.3　新潟県亀田郷地区の水質特性と鋼矢板水路の腐食実態 ··············47

　2.3.1　調査地区概要・調査項目 ··························47

　2.3.2　調査結果・考察 ································47

　　（1）鋼矢板水路の腐食実態 ··························47

　　（2）建設後の経過年数と腐食量の関係 ······················49

　　（3）腐食特性へ及ぼす塩化物イオン濃度の影響 ··················50

2.4　積雪寒冷地域の鋼矢板水路の腐食実態と性能低下特性 ··············52

　2.4.1　調査地域概要・調査項目 ··························53

　2.4.2　調査結果・考察 ································55

　2.4.3　鋼矢板水路の性能低下特性 ··························57

6   目次

参考文献 ·· 60

第3章　腐食鋼矢板水路の再生工法 ································ 62

3.1　はじめに ·· 62

3.2　鋼矢板水路再生工法概説 ··· 62

3.2.1　適用範囲 ·· 62

3.2.2　対策の種類と選定 ·· 62

（1）補修 ·· 63

（2）補強 ·· 63

（3）更新 ·· 63

3.2.3　対策工法の分類 ··· 63

（1）補修 ·· 63

1）有機系被覆工法 ··· 63

2）パネル被覆工法 ··· 64

（2）補強（鉄筋コンクリート被覆工法） ······················ 65

（3）更新（鋼矢板による更新工法） ··························· 65

3.3　有機系被覆工法 ·· 66

3.3.1　仕様と特徴 ·· 66

（1）仕様 ·· 66

（2）エポキシ樹脂塗装系塗装仕様の特徴 ····················· 66

（3）超厚膜形ポリウレタン樹脂系被覆仕様の特徴 ··········· 66

3.3.2　既設鋼構造物における適用事例 ······························ 67

（1）鋼道路橋 ··· 67

（2）港湾施設（鋼管杭，鋼矢板） ····························· 68

（3）水門等 ·· 69

3.3.3　腐食鋼矢板水路における施工事例 ···························· 70

（1）現地実証試験の概要 ·· 70

1）有機系被覆工法の仕様 ··· 70

2）施工概要 ·· 70

（2）追跡調査結果の概要 ·· 72

　　　　1）軽量鋼矢板水路における調査結果 ……………………………73

　　　　2）普通鋼矢板水路における調査結果 ……………………………75

　　3.3.4　既設鋼矢板水路における設計・施工上の技術課題………………76

　　　（1）素地調整レベルと防食性能 …………………………………………76

　　　（2）鋼矢板の断面欠損部や継手部等の前処理工 …………………………80

　　　　1）前処理工の必要性……………………………………………………80

　　　　2）開孔部，断面欠損部の前処理………………………………………80

　　　　3）鋼矢板継目部の前処理………………………………………………81

　　　（3）施工範囲の設定………………………………………………………81

　　　（4）有機系被覆工法の耐用年数 …………………………………………82

　　　　1）超厚膜形ポリウレタン樹脂系の耐用年数…………………………82

　　　　2）エポキシ樹脂塗装系の耐用年数……………………………………83

　　3.3.5　維持管理における留意事項 …………………………………………83

　　　（1）追跡調査の時期と着目点 ……………………………………………83

　　　（2）供用中の留意点………………………………………………………83

3.4　パネル被覆工法…………………………………………………………………84

　3.4.1　構造的特徴 …………………………………………………………………84

　3.4.2　実構造物への適用性と設計・施工上の技術課題………………………85

　　　（1）既設鋼矢板表面へのコンクリート被覆効果………………………86

　　　（2）鋼矢板－コンクリート複合材の構造設計…………………………88

　3.4.3　維持管理における技術課題 ……………………………………………89

3.5　更新工法………………………………………………………………………89

　3.5.1　構造的特徴…………………………………………………………………89

　　　（1）重防食鋼矢板………………………………………………………90

　　　（2）ステンレス鋼矢板 …………………………………………………91

　3.5.2　実構造物への適用性と設計・施工上の技術課題………………………92

　　　（1）施工………………………………………………………………………93

　　　　1）水路側に新設鋼矢板を打設する場合 ……………………………93

　　　　2）土壌側に新設鋼矢板を打設する場合 ……………………………93

　　　　3）既設鋼矢板と同じ法線に新設鋼矢板を打設する場合 ……………93

8   目次

　　（2）材料 ……………………………………………………………………94

　　3.5.3　維持管理における技術課題 …………………………………………94

　参考文献 ……………………………………………………………………………95

第4章　非破壊検査による腐食鋼矢板水路実態の同定 ………………98

4.1　はじめに ………………………………………………………………………98

4.2　鋼構造物を対象とした非破壊検査の種類と特徴 ………………………98

　4.2.1　用語の定義 …………………………………………………………………98

　　（1）非破壊試験と非破壊検査 …………………………………………………98

　　（2）きずと欠陥 …………………………………………………………………99

　　（3）損傷と劣化 …………………………………………………………………99

　4.2.2　金属材料を対象とした非破壊試験 ………………………………… 100

4.3　超音波板厚計を用いた腐食鋼矢板の板厚分布評価 ………………… 101

　4.3.1　調査対象と試験方法 …………………………………………………… 101

　4.3.2　試験結果・考察 ………………………………………………………… 102

　4.3.3　鋼矢板の腐食機構を考慮した実態評価 …………………………… 103

4.4　赤外線計測による腐食鋼矢板の実態評価 …………………………… 105

　4.4.1　赤外線画像の計測原理と数値解析 ………………………………… 105

　　（1）赤外線画像の計測原理 ……………………………………………… 105

　　（2）空間統計手法を用いた熱特性評価 ………………………………… 106

　4.4.2　既存鋼矢板水路での腐食実態の把握 ……………………………… 109

　　（1）計測施設の概要 ……………………………………………………… 109

　　（2）実験・解析方法 ……………………………………………………… 111

　　（3）鋼矢板表面の熱特性 ………………………………………………… 112

　　（4）熱画像データのセミバリオグラムモデル特性 ………………… 113

　4.4.3　UAVを用いた非破壊・非接触赤外線計測 ……………………… 116

　　（1）計測対象 ……………………………………………………………… 116

　　（2）解析結果 ……………………………………………………………… 117

　参考文献 ………………………………………………………………………… 122

第5章　鋼矢板水路の長寿命化における材料および設計の留意点……………… 124

5.1　はじめに………………………………………………………………………… 124

5.2　自立式護岸の設計概要………………………………………………………… 124

　5.2.1　自立式護岸……………………………………………………………… 124

　5.2.2　設計上の前提条件……………………………………………………… 124

　5.2.3　計算手順………………………………………………………………… 126

　5.2.4　荷重条件………………………………………………………………… 126

　5.2.5　仮想地盤面の位置計算………………………………………………… 126

　5.2.6　曲げモーメントの計算………………………………………………… 126

　　（1）　最大曲げモーメント……………………………………………… 127

　　（2）　鋼矢板に発生する曲げ応力度…………………………………… 128

　5.2.7　根入れ長の計算………………………………………………………… 129

　5.2.8　矢板頭部変位量………………………………………………………… 130

　5.2.9　地盤反力および鋼矢板剛性と Chang の方法により計算した根入れ長，最大
　　　　曲げモーメント等の関係…………………………………………………… 131

　　（1）　根入れ長…………………………………………………………… 133

　　（2）　最大曲げモーメント……………………………………………… 134

　　（3）　矢板頭部変位量…………………………………………………… 135

5.3　既設鋼矢板水路の性能評価…………………………………………………… 137

　5.3.1　鋼矢板の性能評価と補修・補強の判定……………………………… 137

　5.3.2　性能評価フロー………………………………………………………… 139

　5.3.3　既設鋼矢板水路の性能評価の前提条件……………………………… 139

　5.3.4　既設鋼矢板水路の当初設計による性能評価………………………… 144

　5.3.5　既設鋼矢板水路の板厚減少を考慮した性能評価…………………… 144

　　（1）　曲げ応力度の照査………………………………………………… 144

　　（2）　曲げ応力度の照査断面と作用モーメントの計算……………… 145

　　　1）　曲げ応力度の照査断面………………………………………… 145

　　　2）　作用モーメントの計算………………………………………… 145

　　（3）　板厚減少および断面欠損を考慮した断面係数の計算………… 145

　　（4）　断面欠損を考慮した断面係数の計算…………………………… 148

10 目次

　　　（5）矢板頭部変位量の計算 ··· 151

　　　　1）土中部の鋼矢板の断面二次モーメントの計算 ······················· 151

　　　　2）鋼矢板水路壁部の断面二次モーメントの計算 ······················· 152

5.4　補修対策実施後の鋼矢板水路の性能評価 ·································· 153

　5.4.1　基本的な考え方 ·· 153

　5.4.2　有機系被覆対策後の性能評価 ·· 154

　　　（1）曲げ応力度の照査 ··· 154

　　　（2）曲げ応力度の照査断面と作用モーメントの計算 ···················· 154

　　　（3）期待耐用年数後の断面係数の計算 ··· 155

　　　（4）矢板頭部変位量 ··· 156

　5.4.3　パネル被覆工法対策後の性能評価 ·· 156

　　　（1）曲げ応力度の照査 ··· 157

　　　（2）曲げ応力度の照査断面と作用モーメントの計算 ···················· 157

　　　（3）矢板頭部変位量 ··· 158

5.5　モデル鋼矢板水路の計算事例 ··· 158

　5.5.1　新設時の性能照査 ··· 158

　　　（1）新設時の鋼矢板の設計条件 ··· 158

　　　（2）仮想地盤面および外荷重の計算 ··· 159

　　　（3）最大曲げモーメントの計算 ··· 160

　　　（4）鋼矢板に発生する曲げ応力の計算 ··· 160

　　　（5）根入れ長の計算 ··· 160

　　　（6）矢板頭部変位量 ··· 160

　5.5.2　既設鋼矢板の性能照査 ·· 161

　　　（1）既設鋼矢板水路の設計条件 ··· 161

　　　（2）既設鋼矢板の腐食状況と当初性能を保持しているかの概査 ············ 161

　　　　1）現地調査による既設鋼矢板水路の性能概査 ······················· 161

　　　　2）現地調査による性能概査 ·· 161

　　　（3）既設鋼矢板の腐食状況 ··· 161

　　　（4）仮想地盤面および外荷重の計算 ··· 162

　　　（5）照査断面の曲げモーメントの計算 ··· 163

（6）照査断面の断面係数の計算 …………………………………………………… 163

　（7）照査断面の曲げ応力度の照査 ………………………………………………… 165

　（8）矢板頭部変位量…………………………………………………………………… 166

　　1）既設鋼矢板水路全体の腐食状況………………………………………………… 166

　　2）土中部の断面二次モーメントの計算 ………………………………………… 166

　　3）鋼矢板水路壁部の平均断面二次モーメントの計算 ………………………… 167

　　4）矢板頭部変位量 ………………………………………………………………… 168

　5.5.3　対策実施後の板厚減少を考慮した性能照査……………………………………… 168

　（1）パネル被覆工法で補修されたモデル鋼矢板水路の設計条件 ………… 169

　（2）照査断面の曲げモーメントの計算 ………………………………………… 169

　（3）照査断面の断面係数の計算 ………………………………………………… 170

　（4）照査断面での曲げ応力度の照査 …………………………………………… 171

　（5）矢板頭部変位量の計算 ……………………………………………………… 172

　　1）鋼矢板水路全体の腐食状況……………………………………………………… 172

　　2）土中部の断面二次モーメントの計算 ………………………………………… 172

　　3）鋼矢板水路壁部の断面二次モーメントの計算 ……………………………… 172

　　4）矢板頭部変位量 ………………………………………………………………… 173

5.6　鋼板溶接による構造断面の耐久性評価 …………………………………………… 174

　5.6.1　構造断面の耐久性評価 ………………………………………………………… 174

　5.6.2　鋼矢板-コンクリート複合材の耐久性評価 …………………………………… 175

　（1）実証的検討の狙い …………………………………………………………… 175

　（2）実験・解析方法………………………………………………………………… 175

　　1）供試体 …………………………………………………………………………… 175

　　2）4点曲げ載荷試験………………………………………………………………… 176

　　3）AE計測 ………………………………………………………………………… 177

　　4）画像計測 ………………………………………………………………………… 179

　（3）実験・解析結果………………………………………………………………… 179

　　1）鋼矢板-コンクリート複合材の力学特性 …………………………………… 179

　　2）AE指標による曲げ破壊過程におけるひび割れ発生特性 …………… 181

　　3）画像解析によるひずみ分布評価とSiGMA解析結果の関係………… 182

（4）技術課題－構造断面の耐久性評価－ ……………………………… 184

5.7　補遺 …………………………………………………………………… 186

5.7.1　Chang の方法 …………………………………………………… 186

5.7.2　仮想固定点 ……………………………………………………… 187

5.7.3　曲げ応力度および頭部変位量の精度について ……………… 188

5.7.4　片持ち梁の作用荷重 …………………………………………… 188

5.7.5　軽量鋼矢板の継手効率 ………………………………………… 189

5.7.6　板厚と断面係数の求め方 ……………………………………… 189

参考文献 ……………………………………………………………………… 192

おわりに ……………………………………………………………………… 194

索引 …………………………………………………………………………… 195

著者略歴 ……………………………………………………………………… 199

目次　13

第1章 鋼矢板の種類と材料特性

1.1 はじめに

　農業用水路の護岸には，土留め材として鋼矢板が多用されている．土留めとは，法面や段差の崩壊を防止するために設置された構造物である．水路護岸に用いられる場合は，水流などによる侵食等から河岸表面を保護する役割を担っている．農業用水路の中でも鋼矢板水路は，種々の構造形式があり，設計条件（土質定数，水圧，上載荷重など）や施工条件により選定されている．本書の対象である鋼矢板水路の代表的な外観を図 1.1.1 および図 1.1.2 に示す．

1.2 用語の定義

　本書では，表 1.2.1 に示す定義により専門用語を用いる．なお，本書の執筆者が多く参画している「農業水利施設の補修・補強工事に関するマニュアル【鋼矢板水路腐食対策（補修）編】」[1]，「土地改良設計基準水路工」[2] と若干異なる用語の定義もあるが，本書では学協会において一般的に用いられている定義を優先する．

図 1.1.1　自立式鋼矢板水路

図 1.1.2　切梁式鋼矢板水路

第 1 章　鋼矢板の種類と材料特性　15

表 1.2.1　用語の定義 [1,3-5]

用語	定義
鋼矢板 [1]	普通鋼矢板と軽量鋼矢板の総称.
普通鋼矢板 [1]	熱間圧延鋼矢板を指す.
軽量鋼矢板 [3]	鋼帯から冷間ロール成形によって製造される鋼矢板を指す.
鋼帯（コイル） [3]	スラブなどから成形された帯状に連続した鋼板をコイル状に巻き取ったもの.
損傷 [4]	使用環境によって, 物理的性質に永久変化が起こって性質が低下すること.
劣化 [4]	材料または製品が, 応力, 熱, 光などの使用環境によって, 次第に本来の機能に有害な変化を起こすこと.
ひび割れ, き裂, クラック [4]	熱的または機械的応力のために引き起こされる局部的な破断によって生じるすき間または不連続部.
きず [4]	非破壊試験の結果から判断される不完全部または不連続部.
欠陥 [4]	規格, 仕様書などで規定された判定基準を超え, 不合格となるきず.
腐食 [5]	金属がそれをとり囲む環境物質によって, 化学的または電気化学的に侵食されるかもしくは材質的に劣化する現象.

1.3　鋼矢板の種類と製造方法 [6]

本節では農業用水路で用いられている鋼矢板規格とその製造方法を概説する. 鋼矢板には, 鋼片（ブルームまたはスラブ）を加熱炉で加熱したのち圧延成形して製造された熱間圧延鋼矢板（以下, 普通鋼矢板という）と, 鋼帯（コイル）を冷間成形法により製造した冷間成形鋼矢板があり, 日本では一般的に冷間成形鋼矢板を軽量鋼矢板と呼ぶ.

1.3.1　普通鋼矢板 [6]

普通鋼矢板は, 製鉄所において熱間圧延により製造される. 圧延設備はメーカーや工場により若干異なるが, 概ね図 1.3.1 の製造ラインにより製造される. その際, 普通鋼矢板ではブルームまたはスラブと呼ばれる矩形断面の鋼片を加熱炉で約 1,250 ℃前後に加熱した後に圧延され, 成形される. 鋼片は複雑な形状の孔形ロールを持つ圧延機を通過する間に, 少しずつ成形が重ねられて最終的に普通鋼矢板断面に至る. 圧延を終えた普通鋼矢板は, 高温の状態でただちに所定の製品長さに切断される. 冷却された普通鋼矢板は, ローラー矯正機やプレス矯正機を通り, 圧延の際生じた曲りや反りが矯正され, 製品となる.

1.3.2　軽量鋼矢板 [3]

軽量鋼矢板は, 冷間ロール成形と呼ばれる常温で複数段の成形ロールにより素材の送

16   第1章　鋼矢板の種類と材料特性

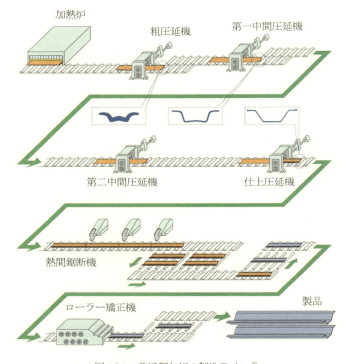

図 1.3.1　普通鋼矢板の製造ライン[7]

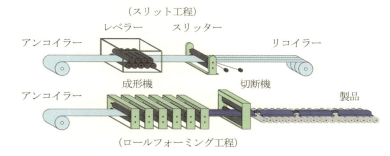

図 1.3.2　軽量鋼矢板の製造ライン[3]

りと曲げ加工を同時に行う方法で製造される（図 1.3.2）．その製造工程は，スリット工程とロールフォーミング工程からなる．スリット工程とは，鋼帯（コイル）を必要な幅

に連続的にスリット（縦割）する工程である．ロールフォーミング工程とは，必要な幅に連続的にスリットされた鋼帯を複数段の成形ロールより構成される成形機で，少しずつ成形が重ねられ最終の断面形状に至るものである．その後，走間切断機で所定の長さに切断され製品となる．

1.4　鋼矢板の材料特性

　鋼矢板の腐食劣化やその環境応答特性を考慮するためには JIS 規格を含めた材料特性を理解する必要がある．本節では，各矢板材の化学成分，機械的性質および形状寸法について概説し，第 2 章以降の議論の基礎とする．一般的に普通鋼矢板の規格は，JIS A 5523「溶接用熱間圧延鋼矢板」または JIS A 5528「熱間圧延鋼矢板」に基づいている．軽量鋼矢板の材料には，JIS G 3101「一般構造用圧延鋼材」の SS400 を使用することが一般的であり，耐候性を高めるため含銅鋼（Cu を 0.25 %以上含有したもの）などを使用する場合もある．1.4.1 において鋼矢板の化学成分と機械的性質について議論し，1.4.2 において形状寸法と断面性能について詳説する．

表 1.4.1　ハット形鋼矢板の化学成分

規格	種類の記号	化学成分（%）						炭素当量 Ceq.（%）
		C（炭素）	Si（ケイ素）	Mn（マンガン）	P（リン）	S（硫黄）	フリー窒素	
JIS A5523	SYW295	0.18 以下	0.55 以下	1.50 以下	0.040 以下	0.040 以下	0.0060 以下	0.44 以下
	SYW390							0.45 以下
	SYW430							0.46 以下

注）炭素当量 Ceq.(%) ＝ C+Mn/6+Si/24+Ni/40+Cr/5+Mo/4+V/14

表 1.4.2　ハット形鋼矢板の機械的性質

規格	種類の記号	降伏点または耐力（N/mm²）	引張強さ（N/mm²）	試験片	伸び（%）	シャルピー・吸収エネルギー				試験片および試験片採取方向
						試験温度（℃）	標準試験片 10×10mm	サブサイズ試験片 10×7.5mm	10×5mm	
JIS A5523	SYW295	295 以上	450 以上	1A 号	18 以上	0	43 以上	32 以上	22 以上	V ノッチ圧延方向
				14B 号	24 以上					
	SYW390	390 以上	490 以上	1A 号	16 以上					
				14B 号	20 以上					
	SYW430	430 以上	510 以上	1A 号	14 以上					
				14B 号	19 以上					

18　第 1 章　鋼矢板の種類と材料特性

1.4.1　鋼矢板の化学成分および機械的性質

（1）ハット形鋼矢板

　ハット形鋼矢板の化学成分を表 1.4.1 に，機械的性質を表 1.4.2 に示す.

（2）U 形鋼矢板

　U 形鋼矢板の化学成分を表 1.4.3 に，機械的性質を表 1.4.4 に示す.

（3）軽量鋼矢板

　軽量鋼矢板で一般的に用いられる鋼材の SS400 について，化学成分を表 1.4.5 に，機械的性質を表 1.4.6 に示す. なお，SS400 については，JIS G 3101「一般構造用圧延鋼材」にて規定する材料とする.

表 1.4.3　U 形鋼矢板の化学成分

規格	種類の記号	化学成分（%）						炭素当量 Ceq.（%）
		C（炭素）	Si（ケイ素）	Mn（マンガン）	P（リン）	S（硫黄）	フリー窒素	
JIS A5523	SYW295	0.18 以下	0.55 以下	1.50 以下	0.040 以下	0.040 以下	0.0060 以下	0.44 以下
	SYW390							0.45 以下
JIS A5528	SY295	—	—	—	0.040 以下	0.040 以下		
	SY390							

注）炭素当量 Ceq.(%) ＝ C+Mn/6+Si/24+Ni/40+Cr/5+Mo/4+V/14

表 1.4.4　U 形鋼矢板の機械的性質

規格	種類の記号	降伏点または耐力（N/mm²）	引張強さ（N/mm²）	試験片	伸び（%）	シャルピー・吸収エネルギー				試験片および試験片採取方向
						試験温度（℃）	標準試験片 10×10mm	サブサイズ試験片 10×7.5mm	10×5mm	
JIS A5523	SYW295	295 以上	450 以上	1A 号	18 以上	0	43 以上	32 以上	22 以上	V ノッチ 圧延方向
				14B 号	24 以上					
	SYW390	390 以上	490 以上	1A 号	16 以上					
				14B 号	20 以上					
JIS A5528	SY295	295 以上	450 以上	1A 号	18 以上	—				
				14B 号	24 以上					
	SY390	390 以上	490 以上	1A 号	16 以上					
				14B 号	20 以上					

表 1.4.5　軽量鋼矢板（SS400）の化学成分（%）

P（リン）	S（硫黄）
0.050 以下	0.050 以下

表 1.4.6 軽量鋼矢板 (SS400) の機械的性質

降伏点または耐力 (N/mm²)	引張強さ (N/mm²)	板厚 (mm)	試験片	伸び (%)	曲げ試験 曲げ角度 (度)	曲げ試験 内側半径 (t:板厚)	試験片
245 以上	400〜510	5 以下	5 号	21 以上	180	1.5t	1 号
		5 を超え 16 以下	1A 号	17 以上			

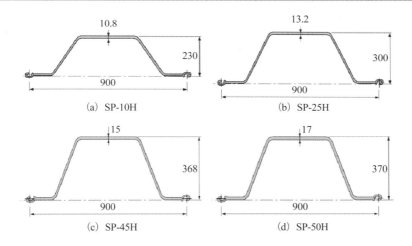

図 1.4.1 ハット形鋼矢板の形状[7]

表 1.4.7 ハット形鋼矢板の断面性能

型式	寸法 有効幅 W mm	寸法 有効高さ h mm	寸法 厚さ t mm	鋼矢板1枚あたり 断面積 cm²	鋼矢板1枚あたり 断面二次モーメント cm⁴	鋼矢板1枚あたり 断面係数 cm³	鋼矢板1枚あたり 単位質量 kg/m	鋼矢板1mあたり 断面積 cm²/m	鋼矢板1mあたり 断面二次モーメント cm⁴/m	鋼矢板1mあたり 断面係数 cm³/m	鋼矢板1mあたり 質量単位 kg/m²
SP-10H	900	230	10.8	110.0	9,430	812	86.4	122.2	10,500	902	96.0
SP-25H	900	300	13.2	144.4	22,000	1,450	113	160.4	24,400	1,610	126
SP-45H	900	368	15.0	187.0	40,500	2,200	147	207.8	45,000	2,450	163
SP-50H	900	370	17.0	212.7	46,000	2,490	167	236.3	51,100	2,760	186

1.4.2 鋼矢板の形状寸法・断面性能

(1) ハット形鋼矢板

ハット形鋼矢板の形状を図 1.4.1 に，断面性能を表 1.4.7 に示す．

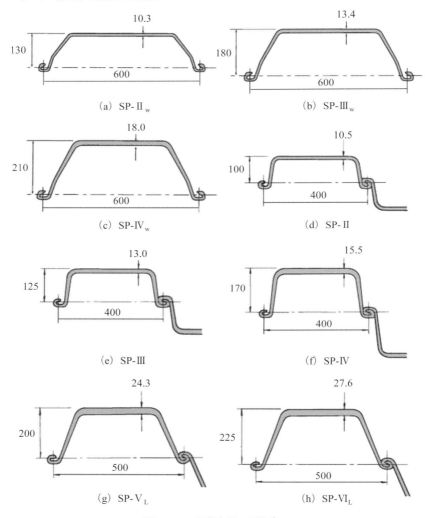

図 1.4.2 U 形鋼矢板の形状[7]

(2) U 形鋼矢板

U 形鋼矢板の形状を図 1.4.2 に，断面性能を表 1.4.8 に示す．

(3) 軽量鋼矢板

軽量鋼矢板の形状を図 1.4.3 に，断面性能を表 1.4.9 に示す．

第1章 鋼矢板の種類と材料特性　21

表1.4.8　U形鋼矢板の断面性能

型式	寸法			鋼矢板1枚あたり				鋼矢板1mあたり			
	有効幅 W	有効高さ h	厚さ t	断面積	断面二次モーメント	断面係数	単位質量	断面積	断面二次モーメント	断面係数	質量単位
	mm	mm	mm	cm²	cm⁴	cm³	kg/m	cm²/m	cm⁴/m	cm³/m	kg/m²
SP-II	400	100	10.5	61.18	1,240	152	48.0	153.0	8,740	874	120
SP-III	400	125	13.0	76.42	2,220	223	60.0	191.0	16,800	1,340	150
SP-IV	400	170	15.5	96.99	4,670	362	76.1	242.5	38,600	2,270	190
SP-V_L	500	200	24.3	133.8	7,960	520	105	267.6	63,000	3,150	210
SP-VI_L	500	225	27.6	153.0	11,400	680	120	306.0	86,000	3,820	240
SP-II_W	600	130	10.3	78.70	2,110	203	61.8	131.2	13,000	1,000	103
SP-III_W	600	180	13.4	103.9	5,220	376	81.6	173.2	32,400	1,800	136
SP-IV_W	600	210	18.0	135.3	8,630	539	106	225.5	56,700	2,700	177

表1.4.9　軽量鋼矢板の断面性能

形式 (区分)	板厚	矢板1枚あたり			壁幅1mにつき			有効幅	記号				
		質量	断面二次モーメント	断面係数	質量	断面二次モーメント	断面係数						
	mm	kg/m	cm⁴	cm³	kg/m²	cm⁴/m	cm³/m	mm					
A	4	11.8	18.3	8.33	47.2	85.1	48.6	250	LSP-2	SN-II	NL-2N	—	KLS-2
	5	14.8	22.9	10.2	59.2	107	59.7					KL-2B	
B	4	14.2	48.2	13.1	42.6	404	115	333	LSP-3A	SN-IIU	NL-2U	KL-2U	—
	5	17.9	59.8	15.9	53.7	510	144						
	6	21.6	60.3	16.4	64.8	171			—	—	—		
C	5	19.3	212	39.0	57.9	2,000	272	333	LSP-3D	SN-IIIU	NL-3U	KL-3	KLS-3
	6	23.3	255	45.8	69.9	2,480	330						
D	5	21.6	212	57.0	64.8	636	171	333	LSP-3B	SN-III	NL-3U	—	—
	6	25.9	254	68.0	77.7	762	204						
E	5	33.6	1,810	226	67.2	3,620	452	500	LSP-5	SN-VU	NL-5N	KL-5	—
	6	40.4	2,180	270	80.8	4,360	540						
	7	47.1	2,540	313	94.2	5,080	626						

注）軽量鋼矢板設計施工マニュアル[3]を基に修正.

1.4.3　継手効率[6]

　U形鋼矢板壁は，継手を壁体の中央に位置させ交互に方向を反転させて壁体を構成する断面であり，壁体構築後の中立軸と鋼矢板1枚あたりの中立軸が一致しない断面形状である．そのため，土圧等による曲げ荷重を受ける場合，継手の位置する中心線に鉛直方向の縦せん断力が作用する．このとき，継手のせん断抵抗が不足すると継手にずれが生じ，隣り合った鋼矢板が一体として働くことが出来なくなり，壁状になった鋼矢板は一体として計算された剛性および強度を発揮することができない．鋼矢板が壁体に組まれた状態で継手が滑らないと仮定する場合，断面性能値に安全係数を乗じる．この係数を継手効率という（表1.4.10）．図1.4.4に示すようにハット形鋼矢板は，壁体構築後の中立軸と鋼矢板1枚あたりの中立軸が一致する断面形状であるため，頭部拘束の有無や基準・指針を問わず，継手効率の低減を考慮する必要がない．

22　第 1 章　鋼矢板の種類と材料特性

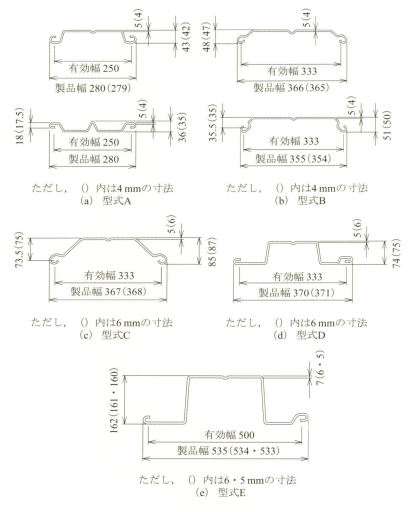

図 1.4.3　軽量鋼矢板の形状

1.5　鋼矢板の腐食代を考慮した場合の断面性能

　代表例として，両面で 2 mm（片面 1 mm ずつ）の腐食代を考慮した場合の鋼矢板の断面性能を示す．ハット形鋼矢板の断面性能を表 1.5.1 に，U 形鋼矢板の断面性能を表 1.5.2 に，軽量鋼矢板の断面性能を表 1.5.3 に示す．

表 1.4.10 継手効率（鋼矢板に適用される各指針規定の一例）

基準・指針等	断面二次モーメント I	断面係数 Z
災害復旧[*1]	0.8 (0.6)	1.0 (0.6)
土地改良[*2]	0.8	1.0
自立式鋼矢板擁壁[*3]	0.8	1.0

注）（ ）内数値は，鋼矢板頭部を拘束しない場合を示す．
 [*1]：災害復旧工事の設計要領（2009）．
 [*2]：土地改良事業計画設計基準及び運用・解説　設計「水路工」（2014）．
 [*3]：自立式鋼矢板擁壁設計マニュアル（2007）．

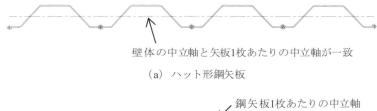

(a) ハット形鋼矢板

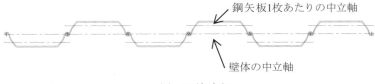

(b) U形鋼矢板

図 1.4.4　ハット形鋼矢板と U 形鋼矢板の中立軸

表 1.5.1 および表 1.5.2 において，I_0 は腐食前の断面二次モーメント，Z_0 は腐食前の断面係数，η は腐食時断面性能低減率，I は腐食時の断面二次モーメント，Z は腐食時の断面係数を表す．これはハット形鋼矢板，U 形鋼矢板共通の表記である．また，断面性能の算出手順は，①腐食時断面性能低減率を算定図から読み取り，％単位に丸める．②丸めた η を I_0，Z_0 にそれぞれ乗じる．③η を乗じて得られた値を有効数字 3 桁に丸めて，I，Z の値とする．なお，普通鋼矢板における算定図については，「鋼矢板設計から施工まで」[6] に掲載されているので参照されたい．

表 1.5.3 において，I_0 は腐食前の断面二次モーメント，Z_0 は腐食前の断面係数，η_I は断面二次モーメントに関する腐食時断面性能低減率，η_Z は断面係数に関する腐食時断面性能低減率，I は腐食時の断面二次モーメント，Z は腐食時の断面係数を表す．また，断

24　第 1 章　鋼矢板の種類と材料特性

表 1.5.1　ハット形鋼矢板の腐食代を考慮した場合の断面性能

型式		公称値 (腐食前)		片面 1 mm ずつ, 両面 2 mm 腐食時		
		I_0 cm^4/m	Z_0 cm^3/m	η %	I cm^4/m	Z cm^3/m
ハット形	SP-10H	10,500	902	79	8,300	713
	SP-25H	24,400	1,610	82	20,000	1,320
	SP-45H	45,000	2,450	85	38,300	2,080
	SP-50H	51,100	2,760	87	44,500	2,400

表 1.5.2　U 形鋼矢板の腐食代を考慮した場合の断面性能

型式		公称値 (腐食前)		片面 1 mm ずつ, 両面 2 mm 腐食時		
		I_0 cm^4/m	Z_0 cm^3/m	η %	I cm^4/m	Z cm^3/m
U 型	SP-II	8,740	874	81	7,080	708
	SP-III	16,800	1,340	85	14,300	1,140
	SP-IV	38,600	2,270	86	33,200	1,950
	SP-V$_L$	63,000	3,150	91	57,300	2,870
	SP-VI$_L$	86,000	3,820	92	79,100	3,510
	SP-II$_W$	13,000	1,000	81	10,500	810
	SP-III$_W$	32,400	1,800	85	27,500	1,530
	SP-IV$_W$	56,700	2,700	88	49,900	2,380

面性能の算出手順は，①腐食時断面性能低減率を図 1.5.1〜図 1.5.5 に示す算定図から読み取り，%単位に丸める．②丸めた η_I，η_Z を I_0，Z_0 にそれぞれ乗じる．③η_I，η_Z を乗じて得られた値を有効数字 3 桁に丸めて，I，Z の値とする．なお，腐食時断面性能低減率（η_I，η_Z）は，鋼矢板各面（水路側，背面側）の腐食代をそれぞれ t_1，t_2 とした時の t_1 と t_2 の比である α（$=t_2/t_1$）によって変化する．今回，軽量鋼矢板の腐食時断面性能低減率算定は，$\alpha=1$ の時の値を代表値として紹介する．

表 1.5.3 軽量鋼矢板の腐食代を考慮した場合の断面性能

型式	板厚 (mm)	公称値（腐食前） I_0 cm^4/m	Z_0 cm^3/m	片面 1 mm ずつ，両面 2 mm 腐食時 η_I %	η_Z %	I cm^4/m	Z cm^3/m
A	4	85.1	48.6	48	51	41.1	24.9
	5	107	59.7	58	61	62.0	36.6
B	4	404	115	50	51	202	59.2
	5	510	144	58	60	298	86.0
C	5	2,000	272	60	60	1,190	164
	6	2,480	330	64	65	1,580	214
D	5	636	171	59	61	378	104
	6	762	204	67	68	507	138
E	5	3,620	452	60	61	2,180	274
	6	4,360	540	67	67	2,900	364
	7	5,080	626	71	72	3,620	452

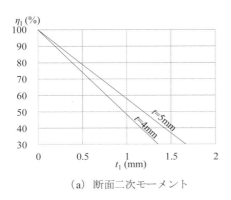

(a) 断面二次モーメント

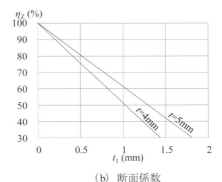

(b) 断面係数

図 1.5.1 型式 A の腐食時断面性能低減率

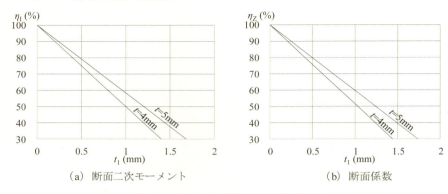

(a) 断面二次モーメント　　　　　　　(b) 断面係数

図 1.5.2　型式 B の腐食時断面性能低減率

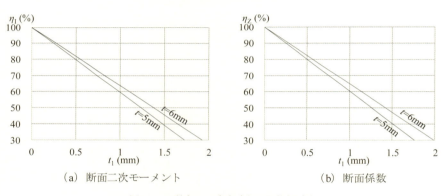

(a) 断面二次モーメント　　　　　　　(b) 断面係数

図 1.5.3　型式 C の腐食時断面性能低減率

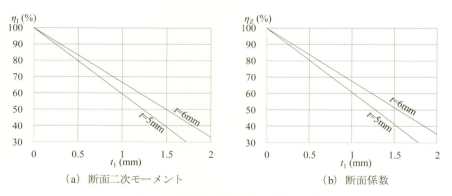

(a) 断面二次モーメント　　　　　　　(b) 断面係数

図 1.5.4　型式 D の腐食時断面性能低減率

第1章 鋼矢板の種類と材料特性　27

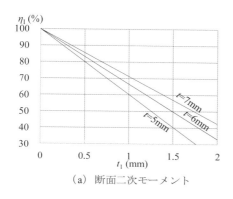
(a) 断面二次モーメント

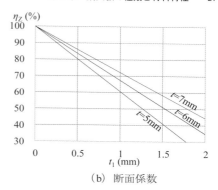
(b) 断面係数

図1.5.5　型式Eの腐食時断面性能低減率

1.6 鋼矢板の構造形式

　鋼矢板を用いた護岸の構造形式は，自立式，切梁式，タイロッド式，その他（止水用矢板，法面工，仮設土留め，親杭横矢板など）に分類できる．本章では，農業用水路で頻繁に用いられる自立式，切梁式およびタイロッド式について各構造形式の特徴と設計手順について概説する．

1.6.1　自立式護岸 [3)]

　自立式護岸は，比較的壁高が低く，かつ地盤が良いときに使用される構造物である（図1.6.1）．本護岸形式は，タイロッドや切梁の取付けを必要としないため，一般的に施工面積が小さく，かつ工期が短くなる利点がある．他の護岸形式と比較して施工性において有利である反面，頭部変位量が大きくなりやすい構造であるため，供用期間中の変形等には留意しなければならない．

　自立式護岸の設計手順を図1.6.2に示す．自立式護岸は，鋼矢板を連続して打設するだけのシンプルな構造であるため，設計法についても外力計算と壁体の構造計算の2要素のみで構成される．また，壁体の構造計算は，表1.6.1に示すように，設計地盤面を境にして上下に分割することにより，

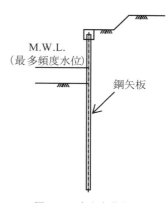

図1.6.1　自立式護岸

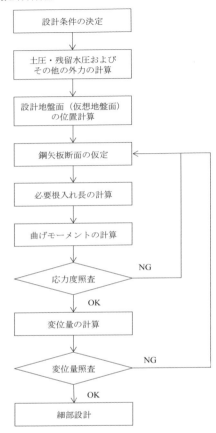

図 1.6.2 自立式護岸の設計手順
注）軽量鋼矢板設計施工マニュアル[3]を基に修正．

上側では「分布荷重（土圧，水圧等）を受ける梁」，下側では「地盤の弾性反力を受ける梁」として設計することができる．この場合，上側は設計地盤面位置で固定された片持ち梁とし，下側は片持ち梁の支点反力を伝達荷重として受ける頭部自由端の弾性床上の梁にある半無限長の杭を取扱った Chang（チャン）の方法を矢板に準用して壁体の曲げモーメントや変位量を求める方法で設計される場合が多く，分割計算をしても重ね合わせが可能である．

第 1 章　鋼矢板の種類と材料特性　29

表 1.6.1　自立式鋼矢板壁の分割 [6]

	鋼矢板壁全長を一体として設計する場合	鋼矢板壁を設計地盤面の上下で分離して設計する場合	
		地上部	根入れ部
計算モデル	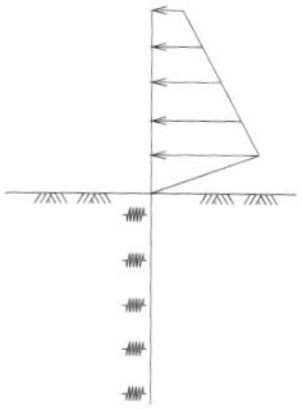	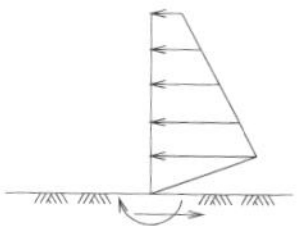	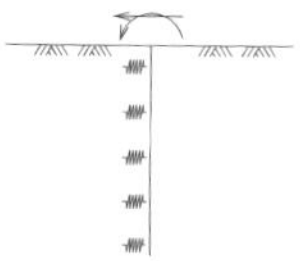
変位	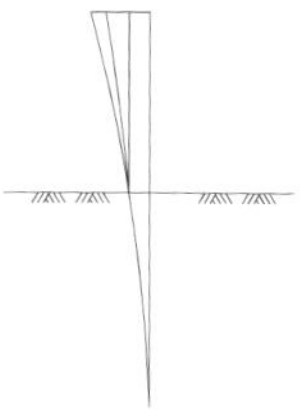	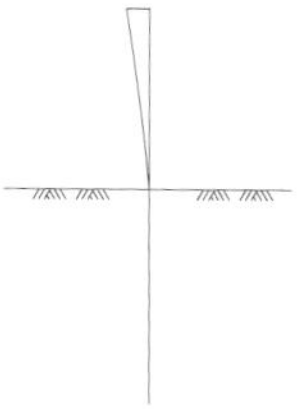	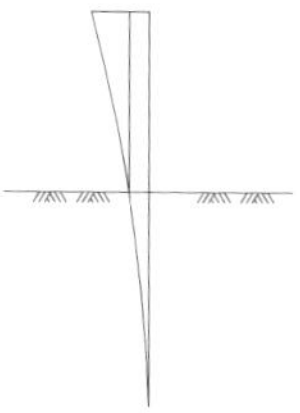
曲げモーメント	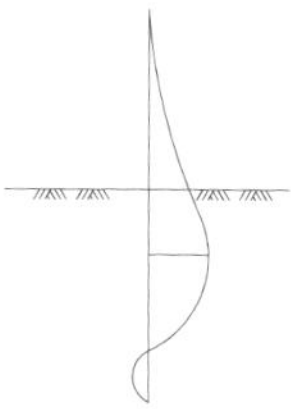	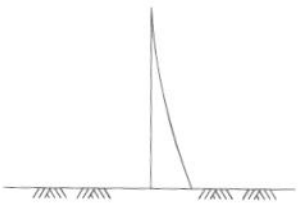	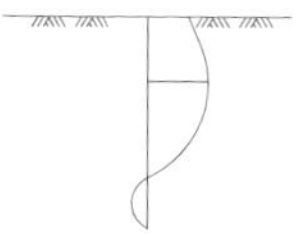

　自立式鋼矢板壁の設計地盤面の決定方法としては，主に 2 通りの考え方がある．一つは，計画地盤面をそのまま設計地盤面とする方法であり，もう一つは，壁面前背後の土圧強度や残留水圧強度のつり合い点を設計地盤面（仮想地盤面）とする方法がある．なお，「土地改良設計基準水路工」[2] においては，前述の考えによって，計画地盤面＝仮想地盤面となった場合には，「軟弱な粘性土地盤の場合には，0.5 m 程度仮想地盤面を見込んだ方がよい」と記述され，安全側となる設計方法が提案されている．

1.6.2　切梁式護岸

　切梁式護岸は，壁高が比較的大きな断面まで対応でき，水路幅が小さい場合などで控

30   第1章　鋼矢板の種類と材料特性

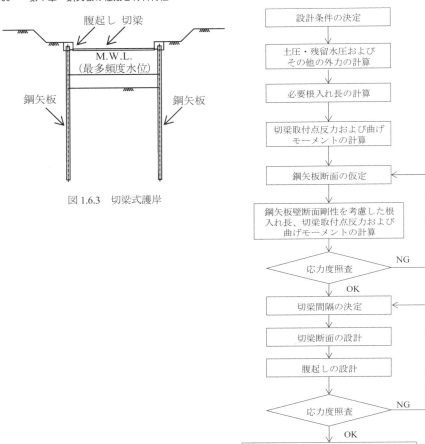

図 1.6.3　切梁式護岸

図 1.6.4　切梁式護岸の設計手順
注）「新版軽量鋼矢板設計施工マニュアル」[3]
を基に修正．

え工が設置できない部位に適用される（図 1.6.3）．構造形式は，鋼矢板壁の上部に腹起しや切梁（H形鋼や鋼管）を取付け，鋼矢板壁に作用する外力の一部を支保工に負担させるものである．それゆえ設計法は外力計算と構造部材（①鋼矢板，②腹起し，③切梁）の計算が必要となる．

図 1.6.4 に切梁式護岸の設計手順を示す．「土地改良設計基準水路工」[2]では，構造形式の記載はあるが，設計についての詳細な記載はない．設計の際の参考図書として「新版軽量鋼矢板設計施工マニュアル」[3]では，切梁式矢板壁の設計法は，根入れ長の計算の際には Free Earth Support 法を適用している．断面設計では，切梁取付け位置と設計地盤の位置を支点とし，設計地盤面より上の土圧および残留水圧が荷重として作用する梁として設計を行うが，設計地盤面より下の部分は無視している．地盤が軟弱な粘性土の場合は，設計地盤面より下方の位置に仮想支点を設け，断面設計の際には仮想梁法を適用した仮想鉸点法にて設計検討を行っている．

1.6.3 タイロッド式護岸

タイロッド式護岸は，壁高が比較的大きな断面まで対応でき，水路幅が極端に広いケースなど，矢板護岸前面に切梁が設置できない場合に使用されることが多い（図 1.6.5）．タイロッド式護岸は，切梁式護岸同様，鋼矢板壁の上部に腹起しやタイ材（タイロッドやタイワイヤ）を取付け，鋼矢板壁に作用する外力の一部を控え工に負担させる構造形式である．それゆえ設計法も切梁式同様，外力計算と構造部材（①鋼矢板，②腹起し，③タイ材，④控え工）の計算が必要となる．図 1.6.6 にタイロッド式護岸の設計手順を示す．切梁式護岸同様，「土地改良設計基準水路工」[2]においては設計に関する詳細な記載がないため，計算の参考図書として「新版軽量鋼矢板設計施工マニュアル」[3]を切

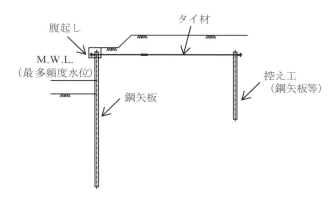

図 1.6.5 タイロッド式護岸

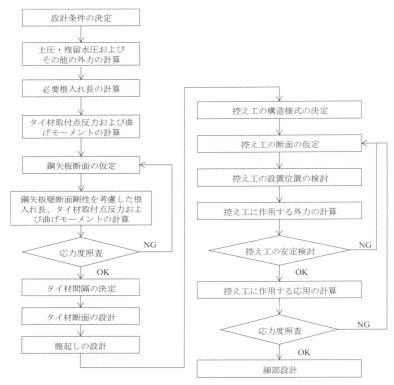

図 1.6.6　タイロッド式護岸の設計手順
注）軽量鋼矢板設計施工マニュアル[3]を基に修正.

梁式護岸同様, 参照されたい.

1.7　鋼矢板の腐食

1.7.1　鋼矢板の腐食機構[3]

　鉄は, 酸化鉄などの安定した化合物（鉄鉱石）の状態で自然界に存在するため, 酸素などを引き離すため大きなエネルギーを注ぎ込んで, 精錬し製造される. したがって, 精錬された鉄は自然界の中では不安定な存在であり, 酸素や水と結びついて安定な状態である元の鉄鉱石と類似のものに戻ろうとする. この安定な状態に戻る現象を「腐食」と呼ぶ. 腐食とは, 金属がそれを取り囲む環境物質によって, 化学的あるいは電気化学的に侵食されることをいう. 普通の環境で腐食が起こるためには, 少なくとも酸素と水

が存在するか，温度が高いことが必要である．水の存在を前提とする腐食を湿食という．これに対し，温度が高く，水がない状態で進行する腐食を乾食という．

鋼材の腐食で問題となるのは湿食である．土木構造物における腐食は，ほとんどこの状態である．常温付近で起こる腐食には水の存在が不可欠であるが，水があるだけでは腐食は進行しない．酸素や酸などの腐食反応に直接かかわる物質が存在してはじめて腐食が起こる．一方，水が関与しない腐食である乾食は，主として高温で起こる．鋼材が高温で酸化性の気体（酸素，硫黄ガス，塩素ガスなど）に触れると腐食が起こり，鋼材の表面に酸化物，硫化物，塩化物などの固体の反応生成物ができる．

1.7.2 腐食に影響する環境要因[6]

鋼矢板は，大気中，土中，淡水中，汽水中，海水中など，種々の腐食環境で用いられる．設置環境によって水や酸素の供給状況は異なり，それに応じて，腐食の速さや状況が異なるが，鋼に水と酸素が反応して「さび」を形成する反応は同じである．鋼材を中性の水溶液に浸すと，その表面には種々の理由から陽極（アノード）と陰極（カソード）が存在し，局部電池（腐食電池）を形成する．なお，さびの生成模式図を図 1.7.1 に示す．

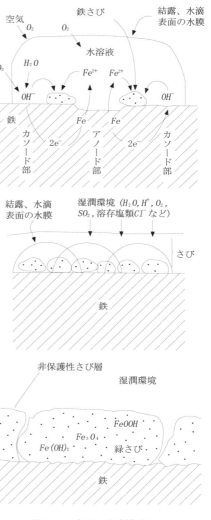

図 1.7.1　さびの生成模式図

一例として，農業用水路での鋼の水中における腐食を考えると，水路の水は空気と接しているため，空気中の酸素が溶け込んでいる．この溶存酸素を含んだ水によって鋼は

腐食する．これは電気化学的な反応であり式（1.1）および（1.2）で表される．

$$Fe \rightarrow Fe^{2+} + 2e^- \tag{1.1}$$

$$H_2O + 1/2O_2 + 2e^- \rightarrow 2OH^- \tag{1.2}$$

ここに，アノード反応の式では鉄の溶解，カソード反応の式では酸素の還元を示しており，鋼の腐食反応は，2 式をまとめた式（1.3）で表せる．

$$Fe + H_2O + 1/2O_2 \rightarrow Fe(OH)_2 \tag{1.3}$$

（1）淡水中における腐食 [3]

淡水中において鋼材が腐食するための基本物質は，水と溶存酸素である．鋼材の腐食速度は一般に溶存酸素の供給速度に比例する．溶存酸素の供給能力は溶存酸素濃度，温度，流速が決まることで一定となるが，鋼表面の析出物や腐食生成物は酸素の供給を妨げる要因となり，腐食速度に影響する．しかし，溶存酸素濃度や流速の増大によって供給速度が限度（鋼種，表面性状，水質などの要因により決められる）以上に大きくなると，不動態化が起こって腐食速度は低下する．淡水中での溶存酸素の供給速度には限りがあるため，例えば常温で大気と平衡にある静止水中での腐食はこれが均一に生じる限りわずか 0.1 mm であるが，局部に集中するときには，この何倍にもなりうる．
淡水中での腐食速度に関するデータはほとんどが実験室におけるものであり，実用的な数値は少ない．そのため，今後実際の使用環境における暴露試験データなどを集めていくことが重要である．

（2）大気中における腐食 [3]

大気中における腐食も他の水系腐食と同じように，ほとんどの腐食反応が電気化学反応によって進行し，金属表面の電解質溶液の状態が常に変動的であることが大きな特徴である．電解質溶液を構成する溶媒である水は気象と気象条件に応じた金属表面の物理および化学的作用で大気から供給される．この水に大気の成分（O_2，CO_2）と汚染物質（SO_2，NH_3，$NaCl$ 等）が溶解して水溶液電解質となる．大気中にある金属の表面は気象の変動を直接あるいは間接的に受け，「乾燥」と「ぬれ」の繰り返しが行われる．このため表面の電解質溶液の状態（電解質溶液の量，電解質の濃度，温度等）は気象に応じて変化する．したがって，金属の大気中における腐食は金属表面の電解質溶液の量と組成の挙動に応じて進行する．金属表面の電解質溶液の状態に基づいて，大気腐食は次

表 1.7.1　金属表面に液膜が存在しないときの大気腐食

金属表面の電解質溶液の状態	定義
ぬれ大気腐食	金属表面に液滴が凝結した状態，すなわち肉眼で見える液滴が表面に存在するときの腐食を示す．
湿り大気腐食	相対湿度が 100%以下の雰囲気で肉眼では見えない非常に薄い液膜が表面に存在するときの腐食を示す．
乾き大気腐食	金属表面に液膜が存在しないときの大気腐食を示す．

表 1.7.1 のように分類される．

　わが国において，陸上鐵骨構造物防食研究会が行った代表的な暴露試験の結果によれば，暴露 1 年のキルド鋼の腐食量は次のような各影響因子からなる回帰式（1.4）によって表される．

$$\rho_c = 0.484 \times T + 0.701 \times \psi + 0.075 \times K_r + 8.202 \times G - 0.022 \times R_w - 52.67$$

$$(1.4)$$

ここで，ρ_c：腐食量（mm/d），T：気温（℃），ψ：湿度（%），Kr：海塩粒子（ppm），G：亜硫酸ガス（mdd），R_w：降雨量（mm）を表す．式（1.4）が示すように，大気腐食は気温，湿度，降水量の気象因子と海塩粒子，亜硫酸ガスの大気汚染物質によって影響される．

　温度，湿度，降雨量等の気象因子は四季に応じて変化するが，年単位で見るとほとんど毎年同じ挙動が繰り返される．わが国の気象は内陸では南下するほど大気の腐食性が増大し，また内陸に比べ海岸線の気象はより腐食性が強いため，鋼材に影響を及ぼしやすくなる．

　大気汚染物質の中で金属に対し最も腐食性の強い物質は，亜硫酸ガスと海塩粒子である．大気の汚染度は地域的に大きな差があるため，その差が腐食量に反映される．非常に腐食性の強い環境である工業地帯と穏和な田園地帯とでは腐食量に大きな差がでる．海塩粒子は沿岸近くで波が砕け飛沫となって大気中に舞い上がり風によって運ばれてくるものと，遠く海洋から気流にのってくるものがある．一般に海塩粒子によって引き起こされる腐食は，海からの距離に強い相関がある．海塩粒子量は海からの距離が長くなるにつれて減少し，腐食量も全く同一の傾向を示す．

36　第1章　鋼矢板の種類と材料特性

(3) 土壌中における腐食[3]

　土壌の腐食に影響を及ぼす因子として土壌の通気性，抵抗率，pH，水分，比重および土質などが考えられる．さらに，影響を及ぼす因子として嫌気性細菌の存在が見出され，それに関係する酸化還元電位も測定されるようになっている．土壌腐食には数多くの因子が影響するが，それらの影響の度合いは必ずしも明確ではなく，さらに幾つかの因子がからみあって影響することも多く，各因子に対する評点を決め，10項目以上の因子の評点数をもって土壌の腐食性を総合的に判断する方法も提示されている．さらに土壌中の金属構造物は，土壌そのものの腐食作用を受けるばかりではなく，環境の差，異種金属の接続，あるいは迷走電流の影響によって大きく左右され，実構造物ではむしろこれらの影響が大きいといえる．土壌中にあるパイプライン，ケーシング，鋼杭などは金属表面が異なる土質に接するため，塩類濃度や溶存酸素濃度の差による濃淡電池を生じやすい．この場合，低濃度の土壌に接する金属面がアノードとなって腐食が促進される．特に通気性の異なる土壌に接する場合は土質の境界付近に激しい腐食を生じることがある．同様な酸素濃淡電池は異質土壌によるばかりでなく，地下水の影響によっても起こる．この場合は，地下水面から上の部分は通気性がよいので酸素濃度が高く，地下水面下は水中の溶存酸素だけとなるので低濃度となり，水面下の部分がアノードとなって腐食が促進される．石油の輸送パイプラインで0.47 mm/yearの腐食を生じた例がある．

1.7.3　鋼矢板の腐食速度

　鋼材の腐食速度は，環境によって大きく変化するため，環境に応じた調査を行うことが好ましい．しかし，すべての環境を調査することは難しく，現実的ではないため，各基準では標準的な腐食速度または腐食代の値について参考値を紹介している．「港湾の施設の技術上の基準・同解説」[8]では，鋼材の腐食速度を参考として表1.7.2のように示している．また，「土地改良設計基準水路工」[2]では，片面1 mmずつの両面2 mmを考慮した設

表1.7.2　鋼材の腐食速度[8]

	腐食環境区分	腐食速度 (mm/year)
海側	H.W.L 以上	0.3
	H.W.L～L.W.L-1.0m	0.1～0.3
	L.W.L-1.0m～海底	0.1～0.2
	海底泥層中	0.03
陸側	陸上大気中	0.1
	土中（残留水位上）	0.03
	土中（残留水位下）	0.02

計方法が標準的に用いられることが多い.

1.8 防食と腐食後の対策

本節では，新設時の鋼矢板の腐食対策として代表的な腐食対策例を概説する．なお，補修工法については第3章を参照されたい.

1.8.1 腐食代による対策

鋼矢板の腐食対策としては，腐食代による方法が最も一般的である．この方法は，腐

表 1.8.1　腐食代に関する基準 [9]

基準・指針等	腐食代		
港湾[*1]	腐食代は（腐食速度×防食期間）で算出される		
		腐食環境区分	腐食速度 (mm/year)
	海側	H.W.L 以上	0.3
		H.W.L〜L.W.L-1.0 m	0.1〜0.3
		L.W.L-1.0 m〜海底	0.1〜0.2
		海底泥層中	0.03
	陸側	陸上大気中	0.1
		土中（残留水位上）	0.03
		土中（残留水位下）	0.02
漁港[*2]	腐食代は（腐食速度×防食期間）で算出される		
		腐食環境区分	腐食速度 (mm/year)
	海側	H.W.L 以上	0.3
		H.W.L〜L.W.L-1.0 m	0.1〜0.3
		L.W.L-1.0 m〜水深 20 m	0.1〜0.2
		海底泥層中	0.03
	陸側	陸上大気中	0.1
		土中（残留水位上）	0.03
		土中（残留水位下）	0.02
災害復旧[*3] 土地改良[*4]	表裏合わせて 2.0 mm を標準とする．なお，特に腐食が著しいと判断される場合には，現地に適合した腐食代を見込むことができる．		
自立式鋼矢板擁壁[*5]	表裏合わせて 2.0 mm を標準とする.		

注）*1：港湾の施設の技術上の基準・同解説（2007）.
　　*2：漁港・漁場の施設の設計の手引（2003）.
　　*3：災害復旧工事の設計要領（2009）.
　　*4：土地改良事業計画設計基準及び運用・解説　設計「水路工」（2014）.
　　*5：自立式鋼矢板擁壁設計マニュアル（2007）.

食速度と構造物の耐用年数から腐食代を求め，その腐食代設計で必要な肉厚を加算した板厚を用いる方法である．腐食代について，各基準の記述を取りまとめた結果を表1.8.1に示す．

1.8.2 防食塗装による対策[6]

塗装による防食は，鋼材表面を塗装することで，腐食環境要因を遮断して防食する方法である．防食塗料は，防食性が良く，地中で劣化しにくく，かつ打込みの際に土との摩擦によって剥離や，損傷しない耐摩耗性および密着性に優れたものが要求される．

1.8.3 コンクリート被覆による対策[6]

コンクリート被覆による防食は，コンクリートまたはモルタルを鋼材の表面に巻き立てる方法で，セメントの水和あるいは加水分解作用によって，多量の消石灰が生成し，モルタル中の水分の環境をアルカリ性に保ってさびを防止するものである．

1.8.4 電気防食による対策[6]

電気防食は，腐食の機構に基づき，直流電流によって鋼材表面の局部電池の陰極と陽極の電位差を消滅させる方法．水中または，土中の鋼材を直流電源装置のマイナスに接続して陰極とし，プラス側に接続した電極から水中，土中を通して電流を鋼材表面に流入させるものである（図1.8.1，図1.8.2）．局部電池の陰極部が存在する鋼材表面に電流が流入すると，電位の関係から，電流は主として陰極部に集中して流入し，陰分極が進行して局部陰極の電位は降下する．陰極部の電位が陽極部の電位に等しいところまで降下すると，両者の電位差は無くなり，局部電池（すなわち腐食電流）は消滅して，腐食は無くなる．電気防食には，交流電力を整流器で直流に変換して防食電流を供給する外

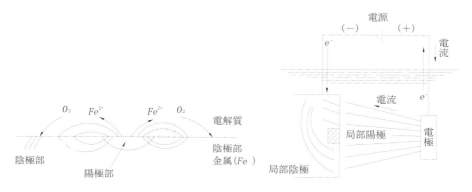

図1.8.1 局部電池による腐食機構 　　　図1.8.2 電気防食の状況

部電源方式と金属の持つ電位差（異種金属間電位差）を利用して防食電流を得る流電陽極方式がある．

(1) 外部電源方式[6]

　外部電源方式は，交流を防食電流の通電に適した直流に変換する整流器と水中，土中に設置して防食電流を流す電極と，この直流電源装置と電極および被防食体とを接続する配線配管によって構成される（図 1.8.3）．

(2) 流電陽極方式[6]

　流電陽極方式は，被防食体よりも卑な電位を持つ亜鉛，アルミニウム，マグネシウムあるいはこれらの合金の陽極材料金属と，それと被防食体を接続する電線などで構成される（図 1.8.4）．

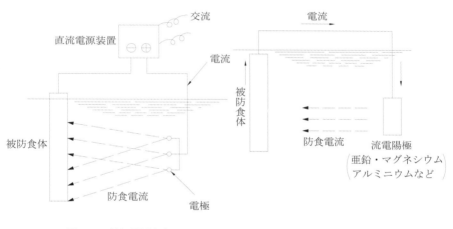

図 1.8.3　外部電源方式　　　　　図 1.8.4　流電陽極方式

参考文献

1) 農林水産省農村振興局整備部：農業水利施設の補修・補強工事に関するマニュアル【鋼矢板水路腐食対策（補修）編】, (2019).
2) 農林水産省農村振興局：土地改良事業計画設計基準及び運用・解説・設計「水路工」, (2014).
3) 軽量鋼矢板技術協会：新版　軽量鋼矢板設計施工マニュアル, (2000).
4) （一社）日本非破壊検査協会：非破壊試験用語辞典, (1990).
5) （一社）日本非破壊検査協会：非破壊試験技術総論, (2004).
6) （一社）鋼管杭・鋼矢板技術協会：鋼矢板　設計から施工まで, (2014).
7) 新日鐵住金（株）：鋼矢板カタログ, (2017).
8) （公社）日本港湾協会：港湾の施設の技術上の基準・同解説, (2007).
9) （一社）鋼管杭・鋼矢板技術協会：鋼矢板Q&A, (2017).

第 1 章　鋼矢板の種類と材料特性　41

第 2 章　鋼矢板水路の腐食実態と地域特性

2.1　はじめに

　全国の農業用排水路は，「農業水利ストック情報データベースシステム」（農林水産省，平成 29 年 5 月現在）に登録されている排水路だけでも 5,349 km に及び，鋼矢板水路はその約 6％の 298 km に達する（図 2.1.1）[1]．鋼矢板水路の地域別延長を見ると，北陸地方が全体の約 4 割，北海道地方が約 3 割を占めており，両地域における延長が他の地域における延長に比べ突出している[2]．

　鋼矢板水路は，特に低平地などの排水不良地帯，泥炭地などの軟弱地盤地帯における排水改良を目的として，昭和 50 年代頃より多くの排水施設において適用されてきている．鋼矢板は，第 1 章で述べたように，施工性や経済性などに優れており，また，適切な腐食代を見込むことで，その耐久性も担保されていると考えられてきた．しかしながら，近年，この鋼矢板の腐食が全国的に問題となってきている．例えば，新潟県内の低平排水不良地域に敷設された鋼矢板では，水位変動部付近における局部的な腐食の進行が確認されている（図 2.1.2 (a)）[3-5]．一方，北海道内の泥炭性軟弱地盤地域に敷設された鋼矢板では，腐食が進行して倒壊に至る場合もあり，周辺地盤の陥没により歩行者や車両の通行が妨げられるなど，社会的安定性能に影響を及ぼす事例も見られている（図 2.1.2 (b)）[6]．排水改良において重要な役割を担い，かつ，長延長を有する鋼矢板水路において，鋼矢板の腐食と水路としての性能低下をいかに調査・診断し，評価・判定していくのかが喫緊の課題となっている．

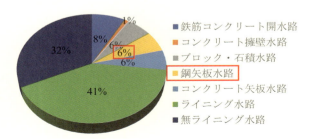

図 2.1.1　農業用排水路の構造形式別延長割合 [1]

本章では，まず，鋼矢板水路の特徴と腐食実態を概観する．次に，北陸地方の事例として，新潟県亀田郷地区の水質特性と鋼矢板水路の腐食実態について概説する．そして，北海道地方の事例として積雪寒冷地域の鋼矢板水路の腐食実態を示し，その性能低下特性について考察する．

2.2 鋼矢板水路の特徴と腐食実態

農業用排水路は，低平地などの排水不良の改善を目的に建設されている．供用後数十年を経過した鋼矢板水路の中には，腐食が進行し大きな孔が空く，矢板が傾倒する，など構造性能が低下し，突発事故の発生が懸念される施設も増加している．本節においては，鋼矢板水路の変状，腐食実態について概説する．

2.2.1 鋼矢板水路の変状

(a) 新潟県内の事例

(b) 北海道内の事例

図 2.1.2 全国的に問題となっている鋼矢板の腐食

農業用排水路を対象とした鋼矢板水路の腐食実態調査としては，新潟県の亀田郷地区を対象とした報告 [4,7]，北海道の積雪寒冷地域を対象とした報告 [6] がある．腐食が進行した鋼矢板の状況を図 2.2.1 に示す．農業用排水路の水質は淡水に近いが，鋼矢板水路における腐食も汽水や海水の作用を受ける鋼矢板と同じく，水位変動が発生する部位付近での腐食進行が大きいことが報告されている [4,6]．

2.2.2 鋼矢板水路の腐食進行と性能低下

想定される腐食進行と性能低下のシナリオを，自立式護岸を例として図2.2.2に示す．農業用排水路の鋼矢板水路では，営農条件や降雨によって水路の水位が変動する．また，汽水域では，干満の影響を受けて水位が変動する．このような供用条件を考慮して，水位との位置関係等により，腐食環境を①気中部，②水位変動部，③水中部，④土中部，

(a) 背面土流出　　　　　　　　　(b) 断面欠損，空洞

図 2.2.1　腐食が進行した鋼矢板

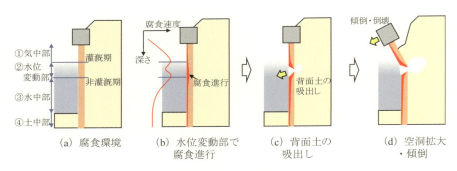

(a) 腐食環境　(b) 水位変動部で腐食進行　(c) 背面土の吸出し　(d) 空洞拡大・傾倒

図 2.2.2　鋼矢板の鋼材腐食と性能低下

の 4 つに分類する（図 2.2.2 (a)，(b)）．①気中部の腐食要因としては，大気中の水分（湿度），酸素，浮遊物質（亜硫酸ガス，海塩粒子）がある．腐食速度は他の部位に比べて小さい傾向がある．ただし，浮遊物質や矢板表面の濡れ状態に大きく影響を受ける．②水位変動部は乾湿履歴を受ける環境にあり，鋼矢板表面に水膜が形成されやすく，酸素供給量も他の部位に比べて多いため，一般的に腐食速度は大きい．特に，灌漑期および非灌漑期の最多頻度水位付近では水膜が形成されやすいため，水位変動部の上部および下部において腐食速度は大きくなる傾向がある．③水中部では，気中部および水位変動部に比較すると酸素量が少ないため，腐食速度は小さい．ただし，塩化物イオン等が含まれる場合は腐食速度が大きくなり，注意が必要である．④土中部は腐食要因が多く腐食メカニズムが十分明らかにされていないが，一般的には水中部と同じく，供給される

第 2 章　鋼矢板水路の腐食実態と地域特性　　45

酸素量が少ないため腐食速度は小さい傾向にある．鋼矢板の腐食速度は水位変動による
乾湿を繰り返し受ける水位変動部が一番大きいと推測される．

　図 2.2.2（b）〜（d）に腐食進行に伴う性能低下のシナリオを模式的に示す．鋼矢板の
腐食は水位変動部で特に進行し，その付近において鋼矢板の板厚が減少する．特に腐食
速度が大きな箇所では鋼矢板に孔が生じる．孔はやがてお互い連結するなどして面積を
増す．孔がある程度の大きさになると背面土が吸い出され，鋼矢板背面に空洞が発生す
る．最終的には，板厚と孔の発生形態，孔の壁に対する面積などにより，矢板が傾倒す
る等大きな性能低下に至る．

　最終的に鋼矢板がどのような終局状態に至るかは，個々の鋼矢板水路の構造形式，荷
重条件と腐食進行状況に依存する．例えば，図 2.2.1（a）に示したような，壁高が低く，
所々に孔が開き，背面土の吸い出しもほとんど見られない水路では，変形も少なく傾倒
までにまだ余裕があると思われる．一方，図 2.2.1（b）に示した水路では，腐食による
孔が連結し，水平方向の断面欠損が進行しており，鋼矢板自体の耐力は大きく低下し，
切梁で構造を保っている状態である．このような状態では，鋼矢板の変形も大きく，傾
倒の危険性も高い．このように，鋼矢板の構造条件と腐食の進行の 2 つを考慮しないと，
鋼矢板の性能低下を十分評価することができない点が鋼矢板水路の機能診断を困難に
している問題の 1 つである．

2.2.3　地震時に発生する鋼矢板水路の損傷

　本節では地震時の鋼矢板水路の損傷について述べる．地震時の鋼矢板水路の損傷から
推定すれば，腐食が著しく進行した場合の鋼矢板の終局状態は，複数枚の鋼矢板が一体
となって，壁状に変形すると考えている．設計上，鋼矢板は縦梁で計算されるが，継手
構造により横方向にも連結されており，この横方向の横梁の効果も大きいと考えるため
である．

　地震時における鋼矢板水路の被災状況を図 2.2.3 に示す．図 2.2.3（a）は平成 16 年新
潟県中越地震により発生した切梁式護岸に生じた傾倒である．図 2.2.3（b）は平成 23
年に東北地方太平洋沖地震により発生した自立式コンクリート矢板水路の傾倒である．
2 つの図から鋼矢板水路は地震の外荷重に対して部材が単独で破壊することはなく，壁
構造のような一体構造として外荷重に抵抗する破壊モードを示すことがわかる．もちろ
ん，常時に発生する鋼材腐食による性能低下では，実際の腐食劣化では部材の腐食進行
も異なるため，一部部材が傾倒するような破壊モードも発生する可能性は否定できない

46　第2章　鋼矢板水路の腐食実態と地域特性

（a）新潟中越地震による被害

（b）東北地方太平洋沖地震による被害（コンクリート矢板水路）

図 2.2.3　地震による矢板の被害形態

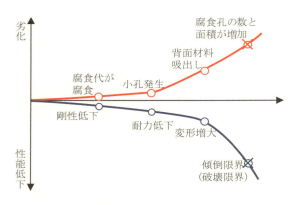

図 2.2.4　鋼矢板水路の劣化進行と耐力低下シナリオ（想定）

が，基本的には横方向にも連結されている構造であることから，鋼材腐食による耐力低下によってもこのような一体的な変形により終局に至ると推定している．

2.2.4　鋼矢板水路の保全対策と劣化シナリオ

　鋼矢板水路は構造形式も様々であり，腐食環境および腐食進行も異なる．鋼矢板水路の補修・補強を考えて行く中では，図 2.2.4 に示すような構造別・劣化の進行別の劣化シナリオと対策選定および対策開始の基準となる限界状態をまず整理することが必要と考える．図 2.2.4 は，「農業水利施設の長寿命化のための手引き」（農林水産省農村振興局整備部設計課，平成 27 年 11 月）[8] の中の中性化劣化のシナリオを基に自立式護岸

第 2 章　鋼矢板水路の腐食実態と地域特性　　47

を想定して筆者が独自に作成したものである. このようなシナリオを作成するためには,
①鋼矢板水路の鋼材の腐食がどのように進行するのか（図 2.2.4 の上の劣化曲線の傾き
と勾配変化点（限界状態）をどのように決めるのか）, ②鋼材の腐食進行に対して鋼矢
板水路の耐力（変位・抵抗モーメント）がどのように変化するのか（図 2.2.4 の下の性
能低下曲線の傾きと勾配変化点（限界状態）をどのように決めるのか）を明らかにする
必要がある. そのためには, 鋼矢板水路のモニタリングと現地調査等を継続し, 実際の
腐食進行と耐力低下に基づくシナリオを作成する必要がある.

2.3　新潟県亀田郷地区の水質特性と鋼矢板水路の腐食実態

　新潟県新潟市亀田郷地区は, 低平排水不良地域を農業農村整備事業により改良し, 稲
作生産の主要産地が形成されている. 主な事業工種は排水路であり, 軟弱である地盤条
件から鋼矢板が構造材料として主に用いられた. 近年, 既存施設において極度な腐食が
確認された. 本節では, 亀田郷地区全域において実施した腐食実態調査と設置環境調査
結果から長期供用下の農業用鋼矢板水路の腐食実態を概説する[9,10].

2.3.1　調査地区概要・調査項目

　鋼矢板の腐食実態調査は, 新潟県新潟市に立地する亀田郷地区の鋼矢板水路において
実施した. 本地区は信濃川下流域の低平地に水田開発が展開された農業地帯である. 調
査対象は竣工後 8～34 年が経過した 19 路線 87 ヶ所の既存施設である. 調査は現地踏査
に加えて, 超音波板厚計を用いた鋼矢板の板厚計測を実施した. 19 路線中 10 路線につ
いては, 排水路中の塩化物イオン濃度と周囲地盤の大地抵抗率を計測した（図 2.3.1）.

　設置環境調査は, 塩化物イオン濃度と大地抵抗率である. 塩化物イオン濃度の計測は,
ポータブル水質計（P30-WM32EP）を用いて行った. 大地抵抗率は地表面から電流を流
し, 一定の電極間隔における電位差を測定する電気探査（四電極法）により, 深度方向
の大地抵抗率を測定した. 大地抵抗率の判定値は, 土壌の腐食性判定の目安になる指標
値となり, 既往研究により提案されている大地抵抗率と腐食性の関係の基準値を判定に
採用した[11].

2.3.2　調査結果・考察

（1）鋼矢板水路の腐食実態

　亀田郷地区 19 路線 87 ヶ所の目視調査の結果, 一般的な鋼矢板水路区間と比較して軽
量鋼矢板区間の腐食の進行が顕著であった（図 2.3.2 (a)）. 本調査では建設後の経過年

48　第 2 章　鋼矢板水路の腐食実態と地域特性

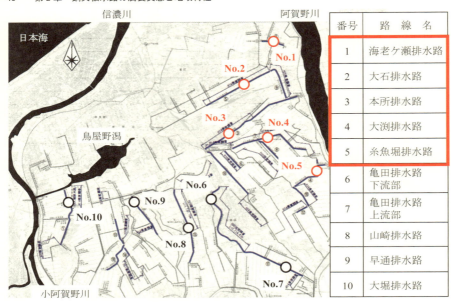

図 2.3.1　腐食実態の調査位置図（亀田郷地区 10 路線）
　　　　朱書き部分：塩化物イオン濃度が高く，腐食が進行していた路線．

(a) 既設軽量鋼矢板水路の腐食　　　　　(b) 表面被覆処理後の再劣化

図 2.3.2　新潟県亀田郷地区における鋼矢板腐食実態

数と腐食量との関係を残存板厚の観点から考察した（2.3.2 (2) 参照）．竣工後の経過年数が同一である場合，普通鋼矢板と比較して軽量鋼矢板の腐食進行が顕著であった．腐

食代の残存する既存施設において表面被覆工による補修工が試みられた区間の一部では図 2.3.2 (b) に示す再劣化が顕在化した．

これらのことから，腐食実態は鋼矢板規格に加えて設置環境の影響を強く受けていると推察された．本調査では，設置環境条件と腐食状況との比較を後述する．

(2) 建設後の経過年数と腐食量の関係

新潟県亀田郷地区における 19 路線 87 ケ所の普通鋼矢板および軽量鋼矢板の残存率を調査した結果を図 2.3.3 に示す．残存率とは，設計時の規格厚さを 100 % とした場合の板厚から，腐食に伴う板厚減少分を控除した残存板厚の割合と定義した．調査位置は，水面付近を中心として上下方向に 100 mm 間隔とし，鋼矢板 1 枚当たり欠損部を除いた 5 点～12 点を超音波板厚計により測定した．

調査の結果，供用年数の増加に伴い年 1 %程度の断面の減少傾向が確認された．厚さ 6 mm の鋼矢板の場合，施工後 40 年で 2.4 mm 程度の板厚減少となる．鋼矢板断面の残存率 100 %に着目すると経過年数 20 年までは確認できるが，それ以後，いずれの施設においても残存率 80 %程度が最大値となる．本調査結果から，経過年数 20 年超で，いずれの施設においても板厚減少が顕在化することが明らかとなった．鋼矢板水路の施設劣化は腐食が主たる要因であり，使用環境と腐食劣化の関連性を表 2.3.1 に示す [12]．本表より，特殊環境である水質による劣化環境を除外すると，腐食劣化に関連性の高い劣化環境は，供用年数および海水流入と考えられる．亀田郷地区の場合，塩水遡上が河口部において確認されている．

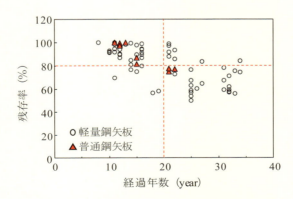

図 2.3.3　既設矢板材の残存率と経過年数の関係 [9]

50　第 2 章　鋼矢板水路の腐食実態と地域特性

表 2.3.1　開水路（鋼矢板）の劣化要因推定表 [12]

使用・劣化環境		腐食
供用年数	40 年以上	◎
	20〜40 年未満	○
使用環境	融雪剤・凍結防止剤の使用	○
	接水時間が長い（常時）	○
	海水の流入あり	◎
水質	硫黄分水質（温泉）	◎
	化学工場・食品加工場等の廃液流入	◎

表 2.3.2　大地抵抗率と腐食性の関係 [11]

腐食性	大地抵抗率 （Ω・m）
激しい	0〜10
やや激しい	10〜50
中	50〜100
小	100〜1,000
極めて小	>1,000

　本調査では図 2.3.1 朱書き部分が特に塩化物イオン濃度が高い路線であり，他の区間とは異なる腐食の進行が確認された．

(3) 腐食特性へ及ぼす塩化物イオン濃度の影響

　既存施設において鋼矢板の板厚減少が確認されたことから，既往の研究 [13-15] において腐食要因として検討されている塩化物イオン濃度と大地抵抗率（比抵抗）を 10 路線について計測した．一般的な大地抵抗率と腐食性の関係を表 2.3.2，亀田郷地区における調査結果を表 2.3.3 に示す．

　検討の結果，大地抵抗率は最大値 424.3 Ω・m，最小値 41.7 Ω・m を示した．5 路線において 100〜1,000 Ω・m の範囲に分布し，2 路線で 50〜100 Ω・m の範囲に分布していた．残りの 3 路線では 10〜50 Ω・m であった．本測定では，表 2.3.2 の分類で腐食性が「激しい」とされる 0〜10 Ω・m の範囲に分布する路線は確認されなかった．腐食厚が 2 mm 以上の 5 路線について大地抵抗率と塩化物イオン濃度の関係を検討した結果，塩化物イオン濃度が少ないほど大地抵抗率が高くなる傾向が確認された．また，基礎地盤が判明している 6 路線について大地抵抗率と塩化物イオン濃度の関係を検討した結果，基礎地盤が粘性土の場合は砂質土の場合と比較して塩化物イオン濃度にかかわらず大地抵抗率が低下する傾向が確認された．図 2.3.4 に代表的な 3 地点における大地抵抗率と深度の関係を示す．既存施設の目視観察では，本所排水路および西元寺排水路において多数の断面欠損（開孔）を有する腐食実態が確認された．本所排水路および西元寺排水路の深度別の大地抵抗率の数値に着目すると，鋼矢板の腐食が激しい水位変動部付近で，大地抵抗率の実測値が大きく低下していることが明らかとなった [16]．塩化物イオン濃度と腐食性の関係では，海水遡上の影響が考えられる阿賀野川下流部近郊の排水路（5 路線，図 2.3.1 朱書き部分）において腐食進行が著しい傾向が確認された．一方，塩化

表 2.3.3　新潟県亀田郷地区調査結果 [10]

番号	1	2	3	4	5	6	7	8	9	10	腐食傾向の目安
路線名	海老ヶ瀬排水路	大渕排水路	大石排水路	木所排水路	糸魚堀排水路	亀田排水路(下流部)	亀田排水路(上流部)	山崎排水路	早通排水路	大堀排水路	
鋼矢板形式	軽量3型	軽量3型	軽量3型	本鋼IIA型	本鋼IIA型	本鋼IIA型	本鋼IA~軽量3型	軽量5型	軽量5型	軽量3型	
施工年度	1977年	1976年	1984年	1988年	1989年	1998年	1998年	1999年	1994年	1978年	
供用年数	36年	37年	29年	25年	24年	15年	15年	14年	19年	35年	供用20年以上
基礎地盤	緩く浅い砂	縮まった浅い砂	—	縮まった浅い砂	縮まった浅い砂	—	緩い粘性土	縮まった浅い砂	—	—	
健全度 目視	欠損部多数	欠損部多数	欠損部少数	錆層剥離	錆層剥離	健全	健全	浮き錆	健全	錆層剥離	
腐食厚(mm)	2.6	2.8	2.3	3.5	2.3	0.0	0.8	0.5	1.7~0.4	1.6	2mm以上
腐食速度(mm/year)	0.07	0.08	0.08	0.14	0.1	0.0	0.05	0.04	0.02~0.09	0.05	0.06mm/year以上
塩化物イオン濃度(mg/L) 1月	2,300	300	150	170	33	54	41	77	89	130	100mg/L以上
塩化物イオン濃度(mg/L) 10月	1,600	220	360	340	140	12	18	54	55	28	
塩化物イオン濃度(mg/L) 平均値	1,950	260	255	255	87	33	30	66	72	79	
大地抵抗率(Ω・m) 深度5mまで	56.2	41.7	81.0	111.3	146.8	58.2	44.5	146.5	424.3	137.3	100Ω・m以下
大地抵抗率(Ω・m) 深度10mまで	44.3	48.8	87.9	102.0	180.3	59.0	46.4	131.4	325.8	110.0	
大地抵抗率(Ω・m) 平均値	50.3	45.3	84.5	106.7	163.6	58.6	45.5	139.0	375.1	123.7	

注)　▨ ：腐食傾向の目安を超えるもの.

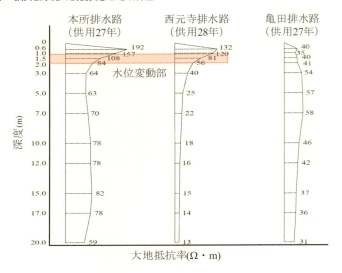

図 2.3.4　大地抵抗率と深度の関係 [16]

物イオン濃度が低い路線では，目視調査の結果，顕著な腐食の顕在化は確認されなかった．

以上の結果から，鋼矢板の腐食現象は一つの要因が多大に影響するのではなく，複数要因が長期にわたり影響しているものと推察される．特に塩化物イオン濃度は既往研究においても指摘されている通り，亀田郷地区においては腐食進行の主要因であると推察される．

2.4　積雪寒冷地域の鋼矢板水路の腐食実態と性能低下特性 [6, 17]

積雪寒冷地域であり，かつ，泥炭土，火山灰土，重粘土などの特殊土壌が広く分布する北海道では，排水改良は極めて重要な農業生産基盤整備の1つである [18]．北海道における排水改良を担う明渠排水路は，連節ブロックや積みブロック，コンクリート柵渠など，様々な部材により構成されている．その中で鋼矢板は，特に軟弱地盤，泥炭地盤に造成される排水路の構成部材として適用されてきている [19-21]．鋼矢板水路の延長は，北海道内の国営事業により敷設された排水路だけでも約 100 km に及ぶ．

北海道内に敷設された鋼矢板では，腐食が進行して倒壊に至る場合もあり，周辺地盤

(a) 鋼矢板の腐食　　　　　　　　　　(b) 鋼矢板の倒壊

図 2.4.1　鋼矢板の腐食および倒壊

の陥没など，社会的安全性に影響を及ぼす事例も散見されている（図 2.4.1）．本節では，北海道内に造成された鋼矢板水路の腐食実態を概説し，積雪寒冷地域における鋼矢板水路の性能低下特性について考察する．

2.4.1　調査地域概要・調査項目

　腐食実態の調査対象とした鋼矢板水路は，北海道空知地方に位置する A～N 排水路（14 路線，42 測点）である．排水路の多くは泥炭性軟弱地盤に敷設されており，また，積雪量も比較的多い地域に位置している．排水路を構成する鋼矢板の種別は，一部の普通鋼矢板（C 排水路 1 測点（板厚 10.5 mm），G 排水路 2 測点（同 8.0 mm），J 排水路 2 測点（同 8.0 mm），L 排水路 2 測点（同 10.5 mm），N 排水路 2 測点（同 8.0 mm））を除き，ほぼ全て軽量鋼矢板（同 5.0 mm）である．いずれの排水路においても，供用後 17～36 年が経過しており，腐食は総じて著しい状況にある（図 2.4.2）．

　鋼矢板の腐食の代表的な現況を図 2.4.3 に示す．鋼矢板の水路側では，腐食は水位変動部付近の中でも最多頻度水位近傍において特に著しく，直上の気中部，すなわち水位変動部上部において開孔し，断面欠損へと進展している場合が多い．一方，直下の水中部，すなわち水位変動部下部においても，腐食・断面欠損が進展している場合も見受けられる．また背面側では，開孔して排水が流入している場合は水路側と同様に腐食が進展し，断面欠損が拡大する傾向にある．また，倒壊に至った鋼矢板では，そのほぼ全てにおいて断面欠損が確認されている．次に，鋼矢板の切断面の拡大写真を図 2.4.4 に示す．開孔していない普通鋼矢板では腐食は水路側にのみ発生しているのに対し，開孔し

54　第 2 章　鋼矢板水路の腐食実態と地域特性

(a) A 排水路

(b) B 排水路

(c) D 排水路

(d) G 排水路

図 2.4.2　調査対象とした排水路の鋼矢板の現況

(a) 水路側

(b) 背面側

図 2.4.3　鋼矢板の腐食の代表的な現況

第 2 章　鋼矢板水路の腐食実態と地域特性　55

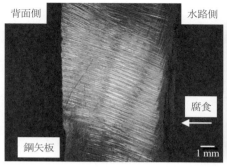

　　（a）普通鋼矢板（開孔なし）　　　　　（b）軽量鋼矢板（開孔あり）

図 2.4.4　鋼矢板の切断面の拡大写真

た軽量鋼矢板では腐食は水路側に加え背面側にも発生している．

　これら腐食の現況から，その発生要因は排水路内を流下する排水にあると考え，腐食状況の定量化を行うとともに，排水について水質に関する各種計測を行った．本調査では，測点毎に，気中部，水位変動部上部，水位変動部下部の 3 部位において残存する板厚の計測を行い，敷設当初の板厚（設計板厚＋腐食代）から各計測値を差し引いた値を腐食量（mm）として求めた．板厚の計測は，鋼矢板の表層の錆を除去した後，超音波板厚計を用いて行った．また，水質に関する計測では，灌漑期間中，腐食位置に水位が最も近付く夏期において，腐食に影響を及ぼすと予想される溶存酸素濃度，pH，導電率，塩化物イオン濃度の計測を行った．

2.4.2　調査結果・考察

　腐食量の測定結果を図 2.4.5 に示す．図中では，測点を経過年数順に並べるとともに，測点毎の敷設当初の板厚を淡灰色に着色して示している．なお，各測点において該当する部位が存在しない場合はその結果を記していない．いずれの部位においても，腐食量は，経過年数が長くなるほど，増加する傾向にあった．一方で，H 排水路の 4 測点など，局所的に増加している測点もあることがわかった．また，腐食量は概ね水位変動部上部＞水位変動部下部＞気中部の順で大きく，水位変動部上部の多くでは敷設当初の板厚に到達（貫通）していた．

　経過年数と腐食量との関係を図 2.4.6 に示す．部位毎に示される近似式の傾きは，それぞれ部位毎の腐食速度（1 年当たりの腐食量：mm/year）を表している．腐食速度は

第2章　鋼矢板水路の腐食実態と地域特性

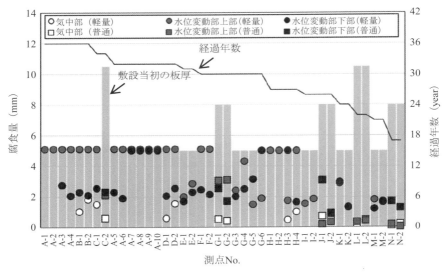

図 2.4.5　腐食量の測定結果

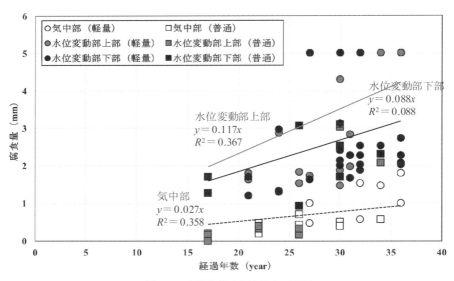

図 2.4.6　経過年数と腐食量との関係

水位変動部上部＞水位変動部下部＞気中部の順で大きく，また，ばらつきも大きいことがわかった．このことから，経過年数以外の要因に影響を受けていることが推察される．さらに，通常は排水に曝されている水位変動部下部においても，腐食速度は水位変動部上部に準ずる程度に大きいこと，また，普通鋼矢板に比べ，軽量鋼矢板の腐食速度は大きくなる傾向にあることがわかった．

水質に関しては，溶存酸素濃度は6.62～9.10（mg/L）と総じて高く，ほぼ飽和状態にあった．また，濃度が高くなるほど，腐食速度も大きくなる傾向が見て取れた．一方，pHは6.95～7.92，導電率は11.18～13.57（mS/m），塩化物イオン濃度は5.94～11.01（mg/L）となり，pHが低いほど，導電率が高いほど，塩化物イオン濃度が高いほど，腐食速度は大きくなる傾向が見られたが，いずれも腐食が進みやすい範囲には推移しなかった．このことから，水質では溶存酸素濃度の影響が最も大きいと考えられる．

2.4.3　鋼矢板水路の性能低下特性

鋼矢板の腐食の現況および調査結果から，鋼矢板水路の構造性能の低下機構は以下の通りであると推察される（図2.4.7）．まず，①鋼矢板の水路側では，気中部や水位変動部上部において，水および酸素の供給による湿食が発生する（大気中の腐食）．流下する排水中には多量の溶存酸素が含まれるため，この湿食は水位変動部下部や水中部においても発生する（淡水中の腐食）．また同時に，水位変動部上部をカソード部（＋極），水位変動部下部をアノード部（－極）とするマクロセル腐食電池が形成され（局部的な腐食），②水位変動部上部および水位変動部下部においてそれぞれ腐食が進み，浮き錆へと進展する．また，③残存する板厚が小さくなった際に荷重が作用した場合は，鋼矢板は破断し，割れや湧水といった変状を生じるようになる．その後，④水位変動部上部および水位変動部下部ではさらに湿食が進み，開孔・断面欠損へと進展する．開孔・断面欠損を生じた箇所では排水が背面側にも流入するため，背面側からの腐食も発生する．実際には，これらの過程に，気中部における乾湿繰り返し，水中部におけるエロージョン（摩耗），表面の付着物に起因する通気差腐食などが複合的に作用しているものと推測される．⑤開孔・断面欠損が拡大した箇所では，背面土が吸い出され，また，構造的安定性が失われて，荷重が作用した際に⑥傾倒・倒壊に至るものと考えられる[22]．

積雪寒冷地域に特有の泥炭地盤に造成された排水路では，泥炭土の圧密，圧縮，分解などにより，鋼矢板の背面側が露出している事例がよく見受けられる．主に鋼矢板の水路側で発生・進展する腐食・断面欠損は，背面側が露出して水および酸素の供給を受け，

58　第 2 章　鋼矢板水路の腐食実態と地域特性

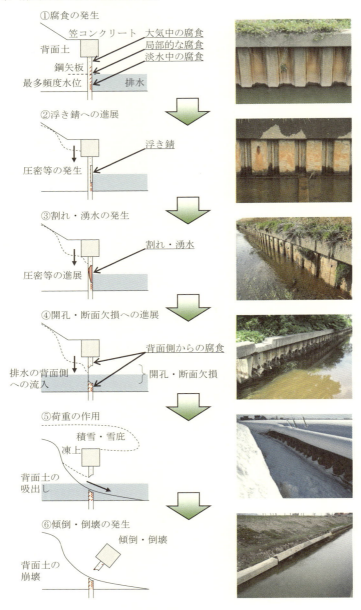

図 2.4.7　鋼矢板水路の構造性能の低下機構

第 2 章　鋼矢板水路の腐食実態と地域特性　　59

　（a）泥炭土の圧密などによる露出　　　　　（b）積雪・雪庇などによる倒壊

図 2.4.8　積雪寒冷地域に特有の性能低下要因

背面側からの腐食が発生・進展することにより加速される．また，積雪寒冷地域に特有の荷重には積雪，雪庇，凍上などが挙げられ，断面欠損が拡大した鋼矢板に対して，傾倒・倒壊を発生させる直接的な要因になっていることが考えられる（図 2.4.7 破線部分，図 2.4.8）．

参考文献

1) 農林水産省：農業水利ストック情報データベース，（オンライン），入手先＜https://www.suiridb. go.jp/sdb/jsp/index.jsp＞.

2) 石村英明，高島功治，中濱政文：鋼矢板水路の保全対策における農林水産省等の取り組み，鋼矢板水路の腐食実態と補修・補強対策，株式会社第一印刷所，（2017），pp.1-4.

3) 峰村雅臣，土田一也，羽田卓也，原斉，森井俊廣，鈴木哲也：新潟県における鋼矢板リサイクルの取り組み，平成24年度農業農村工学会大会講演会講演要旨集，CD-R，（2012），pp.872-873.

4) 原斉，峰村雅臣，萩原太郎，森井俊広，鈴木哲也：鋼矢板排水路の腐食実態に関する実証的研究，平成26年度農業農村工学会大会講演会講演要旨集，CD-R，（2014），pp.698-699.

5) 板垣知也，松木俊郎，江口英弘，長崎文博，鈴木哲也：新潟地域における産官学連携による腐食鋼矢板水路の補修工法の開発，平成28年度農業農村工学会大会講演会講演要旨集，CD-R，（2016）.

6) 石神暁郎，星野香織，工藤吉弘：積雪寒冷地における排水路鋼矢板の腐食診断，平成29年度農業農村工学会大会講演会講演要旨集，CD-R，（2017），pp.560-561.

7) 小林秀一，鈴木哲也，長崎文博，佐藤弘輝，山岸俊太郎：鋼矢板水路の腐食実態を踏まえた保護対策，土木学会論文集F4，Vol.69，No.4，（2013），pp.129-136.

8) 農林水産省：農業水利施設の長寿命化のための手引き，（2015），pp.5-43.

9) 鈴木哲也，森井俊広，原斉，羽田卓也：地域資産の有効活用に資する鋼矢板リサイクル工法の開発，農業農村工学会誌，Vol.80，No.10，（2012），pp.21-24.

10) 鈴木哲也：鋼矢板排水路の腐食実態を踏まえた保全対策に関する実証的研究，土木構造・材料論文集，Vol.29，（2013），pp.75-82.

11) 電気学会電食防止研究委員会：電食・土壌腐食ハンドブック，コロナ社，（1977），p.465.

12) 食料・農業・農村政策審議会農業農村振興整備部会技術小委員会：農業水利施設の機能保全の手引き「開水路」，（2010），pp.31-51.

13) 羽田卓也，峰村雅臣，森井俊広，鈴木哲也：新潟県における鋼矢板排水路の補修補強の取り組み，第69回農業農村工学会京都支部研究発表会講演要旨集，（2012），pp.26-27.

14) 松下巌：自然環境における腐食，金属表面技術，Vol. 3，No. 7，（1980），pp.383-392.

15) 溝口茂，山本一雄，杉野和男，沢井章：半世紀経過した護岸用鋼矢板の腐食挙動，防食技術，36，（1987），pp.148-156.

16) 萩原太郎，峰村雅臣，原斉，森井俊広，鈴木哲也：新潟県における鋼矢板水路の腐食特性調査，平成26年度農業農村工学会大会講演会講演要旨集，CD-R，（2014），pp.690-691.

17) 石神暁郎，星野香織，工藤吉弘：積雪寒冷地における鋼矢板排水路の性能低下特性，農業農村工学会誌，Vol.86，No.5，（2018），pp.43-46.

18) 北海道開発局農業水産部農業水利課：北海道の明渠排水，（1989），pp.3-9，pp.32-46，pp.47-249.

19) 日置綾人，鈴木一衛，畑中諭，渡辺欣哉：軟弱地盤地帯の明渠排水路施工について，第25回（昭和56年度）北海道開発局技術研究発表会論文集，（1982），pp.1099-1106.

20) 杉山幸男，奥井宏，斉藤晴保，鈴木達也：泥炭地排水路工法について，第32回農業土木学会北海道支部研究発表会講演要旨集，（1983），pp.107-112.

21) 新井貞夫，仁平勝行，山内勝彦，河合裕志，横山一男，本間公康：泥炭地における排水路の設計例について，第33回農業土木学会北海道支部研究発表会講演要旨集，（1984），pp.5-8.

22) 石神暁郎：農業用排水路の材料劣化に着目した機能診断手法，平成26年度北海道開発局技術開発委員会農業検討部会技術研修分科会（施設保全研修会）講演資料，（2014）.

第 2 章　鋼矢板水路の腐食実態と地域特性　　61

第3章　腐食鋼矢板水路の再生工法

3.1　はじめに

　腐食鋼矢板水路の再生工法は，水路の性能を回復するとともに，腐食の進行を抑制することを目的に行われる．第3章では，腐食鋼矢板水路の再生工法として，有機系被覆工法，パネル被覆工法，更新工法の3種類を取り上げ，材料，特徴，適用事例，設計・施工上の課題等について記す．まず3.2において再生工法の全体を概観し，3.3以降において上記の各工法それぞれについて記す．

3.2　鋼矢板水路再生工法概説

3.2.1　適用範囲

　第3章は，腐食した鋼矢板の工学的対策工法をとりまとめたものである．ここでは，農業水利施設に適用される鋼矢板（農業用鋼矢板水路）を主たる対象として記述しているため，他の構造形式や環境に適用する場合には，適用条件等を十分に検討する必要がある．また，農業用鋼矢板水路の腐食実態（腐食形態や腐食の程度），供用環境等に応じて，各対策の適用性を考慮し，適切な対策を選定する必要がある．対策工法の種類，材料，特徴，設計・施工上の課題については，3.3～3.5に詳述した．

　なお，対策工法の設計・施工上の課題の解説については，農林水産省北陸農政局管内で実施されたストックマネジメント技術高度化事業による試験施工や施工後のモニタリング結果を参考にした．

3.2.2　対策の種類と選定

　鋼矢板水路の腐食実態に基づき性能評価を行った結果，対策が必要と判定された場合には，回復または向上させる必要がある性能に応じて適切な種類の対策を選定する．なお，対策が必要と判断されるのは，①腐食により現状で農業用鋼矢板水路の性能が低下しており管理水準に達しているか超過している場合，②現状では性能の低下は認められなくても予定供用期間中に想定される腐食量を推定した結果，予定供用期間中に性能が低下する場合が挙げられる．

　第3章では，農業用鋼矢板水路の腐食に対する対策を，補修，補強，更新の3つに分

第3章 腐食鋼矢板水路の再生工法 63

類している．農業用鋼矢板水路の性能と各性能を回復または向上させるための対策の種類を表3.2.1に示す．

表3.2.1 農業用鋼矢板水路の性能と対策の種類

回復または向上させる性能	対策の種類
耐久性	補修
力学的安全性	補強，更新

(1) 補修

補修は，腐食因子である水分，酸素等の侵入を抑制し，鋼矢板水路の腐食に対する抵抗性を回復または向上させることを目的として実施する．本図書では，電気化学的に鋼矢板の腐食反応を停止または抑制する工法（電気防食）も補修として位置付けており，補修工法を被覆防食工法と電気防食工法に大別した（図3.2.1）．

(2) 補強

補強は，鋼矢板水路が受け持つ断面力を低減，または腐食した部材の断面性能を補い，鋼矢板水路の力学的安全性を回復または向上させることを目的として実施する．

(3) 更新

更新は，腐食した鋼矢板を撤去・新設し，鋼矢板水路の力学的安全性を回復または向上させることを目的として実施する．

3.2.3 対策工法の分類

鋼矢板の腐食による性能低下に適用される対策工法は様々であるが，補修と補強については現在も研究が進められ，その成果が蓄積されている段階にある．一般に適用される対策工法は図3.2.1に示すとおりであるが，本書では，鋼矢板水路での施工実績を有する有機系被覆工法，パネル被覆工法，鋼矢板による更新工法，また，現在その適用について研究開発が進められている鉄筋コンクリート被覆工法を対象としている．

(1) 補修

1) 有機系被覆工法

有機系被覆工法は腐食因子である水分，酸素等の侵入の抑制を目的とし，有機系塗料，主としてエポキシ樹脂やポリウレタン樹脂等の熱硬化性樹脂（常温硬化型）を塗布して鋼矢板水路の表面（露出面）を被覆防食する工法である．本工法は，数種類の被覆材を塗り重ねて被覆層を形成し，総合的に効果を発揮させるもので（図3.2.2参照），樹脂の層を複数組み合わせる場合や，樹脂にセラミック等を配合した層を組み合わせる場合，防食下地を設ける場合等，製品により層の材質や構成が異なる．

64   第3章　腐食鋼矢板水路の再生工法

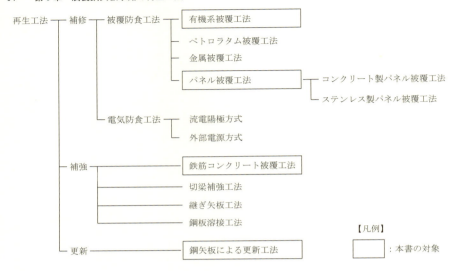

図 3.2.1　腐食した鋼矢板に適用される主な対策工法

図 3.2.2　有機系被覆工法の被覆断面例

2）パネル被覆工法

　パネル被覆工法は，腐食因子である水分，酸素等の侵入の抑制とアルカリによる鋼矢板の腐食防止を目的として，鋼矢板前面にカバー材（パネル材）を固定材により設置し，鋼矢板とパネル材の間を裏込めコンクリートで充填し被覆防食する工法であり，パネル材は型枠としての機能も兼ねている．標準的な断面例を図 3.2.3 に示す．なお，本工法の特徴からパネル材・既設鋼矢板・裏込めコンクリートの複合構造を「補強」として適用している事例も確認されるが，複合構造としての断面性能や補強工法として求められる品質規格の設定など，今後精緻に検証すべき課題を有している．

第 3 章　腐食鋼矢板水路の再生工法　65

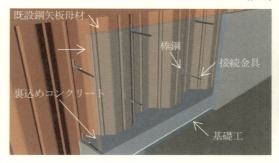

図 3.2.3　パネル被覆工法の断面例

図 3.2.4　重防食鋼矢板

図 3.2.5　ステンレス鋼矢板

(2) 補強（鉄筋コンクリート被覆工法）

　鉄筋コンクリート被覆工法は，鋼矢板の断面性能の回復または向上を目的とし，スタッドやすみ肉溶接により鉄筋コンクリートを鋼矢板に定着させ，鋼矢板と鉄筋コンクリートの合成断面を構築する工法である．本工法は，鉄筋コンクリートで鋼矢板を被覆するため，腐食因子である水分，酸素等の侵入の抑制とアルカリによる鋼矢板の腐食防止とともに，鉄筋コンクリートによる補強効果も期待できる．

(3) 更新（鋼矢板による更新工法）

　鋼矢板による更新は，既設鋼矢板の腐食が著しく，力学的安定性が不十分と判断される場合に実施される．更新には，既設鋼矢板と同じ仕様の材料を用いる方法や重防食鋼矢板（重防食被覆鋼矢板）（図 3.2.4）や新素材活用（図 3.2.5）により，耐久性を向上させた材料を用いる方法がある．

66   第3章   腐食鋼矢板水路の再生工法

3.3 有機系被覆工法

3.3.1   仕様と特徴[1]

(1) 仕様

　有機系被覆工法による鋼構造物の防食対策は，道路や鉄道などの鋼橋，港湾施設における鋼管杭や鋼矢板護岸，さらには水門扉などの機械設備において多くの実績がある．代表的な有機系被覆工法として，エポキシ樹脂塗装系の塗装仕様例を表 3.3.1 に示す．ここに記載している塗装仕様は一般的に「重防食塗装系」と称されているものであり，「素地調整」として1種ケレンあるいはブラスト処理（ISO Sa2.5 以上）を行った後，「防食下地」として耐腐食性に優れる有機系ジンクリッチプライマーあるいはジンクリッチペイントなど，「下塗り」として腐食因子の遮断性に優れる各種エポキシ樹脂塗料など，「中塗り，上塗り」として耐候性に優れるふっ素樹脂塗料などを塗布している．なお，港湾施設では，耐候性塗料としてポリウレタン樹脂塗料が標準的に使用されているが，水中部の施工ではこれらの耐候性塗料を使用しない場合が多い．また，最近では表 3.3.2 に示す超厚膜形ポリウレタン樹脂系の被覆仕様も防食対策として使用されている．この被覆仕様では，重防食塗装の特徴の一つである「防食下地」の代わりに樹脂プライマーが用いられており，"重防食被覆"とも称されている．

(2) エポキシ樹脂塗装系塗装仕様の特徴

　表 3.3.1 の塗装仕様に記載されている各種エポキシ樹脂塗料は，その材料特性から，極めて優れた腐食因子遮断性と付着耐久性を有することが確認されている．このため，施工性と経済性の観点から，設計膜厚を薄くして施工されることが多い．反面，紫外線劣化により変色や塗膜表面からの損耗（膜厚の減少）が進行しやすい材料である．そこで，膜厚の薄いエポキシ樹脂系の塗装仕様では，中塗りおよび上塗りとして耐候性塗料の使用を標準としている．また，膜厚が薄い塗装仕様では，凹凸面や角部の施工時に膜厚不足を生じやすく，ピンホールなどの塗膜欠陥も懸念される．したがって，塗装仕様の選定や施工に際しては，これらの不具合を生じさせないことに留意する必要がある．

(3) 超厚膜形ポリウレタン樹脂系被覆仕様の特徴

　表 3.3.2 に示す超厚膜形ポリウレタン樹脂系被覆材料は，低温下の施工においても数分で強度が発現する超速硬化性の材料で，専用吹付け機械により1回に1mm以上の厚付けが可能である．腐食因子の遮断性能はエポキシ樹脂より劣るが，超厚膜形とすることで必要とされる防食性能を発揮することができ，紫外線劣化による被覆材表面からの

第 3 章　腐食鋼矢板水路の再生工法　　67

表 3.3.1　エポキシ樹脂塗装系の塗装仕様例 [3]

仕様 工程	塗料・処理	標準膜厚（μm）	
		一般部 （大気中）	水中部
素地調整	1 種ケレン，またはブラスト処理 （ISOSa2.5 以上）	—	
防食下地 （プライマー）	有機ジンクリッチペイント（A），または有機 ジンクリッチプライマー（B）	（A）20 （B）75	（A）20 （B）75
下塗り	エポキシ樹脂塗料（A），または厚膜形エポキ シ樹脂塗料（B），または超厚膜形エポキシ樹 脂塗料（C）（いずれも 1～2 回塗装）	（A）200 （B）200 （C）1,250	（A）200 （B）480 （C）2,500
中塗り	ふっ素樹脂塗料中塗り（A），またはポリウレ タン樹脂塗料中塗り（B）	30	—
上塗り	ふっ素樹脂塗料上塗り（A），またはポリウレ タン樹脂塗料上塗り（B）	25	

注）下塗り，中塗り，上塗りの各工程において，塗料（A），（B），（C）の中から 1 種類の塗料
　　を使用する．標準膜厚の数値は目安として示したもの．

表 3.3.2　超厚膜形ポリウレタン樹脂系の被覆仕様例

仕様 工程	塗料・処理	標準膜厚（μm）	
		一般部 （大気中）	水中部
素地調整	1 種ケレン，または ブラスト処理（ISO Sa2.5 以上）	—	—
防食下地	樹脂プライマー	30	30
下塗り	超厚膜形ポリウレタン樹脂系被覆材料（1～2 回 塗装）	1,250	2,500
中塗り	ポリウレタン樹脂塗料中塗り	30	—
上塗り	ポリウレタン樹脂塗料上塗り	25	—

損耗（膜厚の減少）に対する抵抗力（耐久性）も有している．また，ポリウレタン樹脂
の硬化物はゴム弾性に近い物性を有しているため，施工後の被覆材はひび割れ追従性や
耐摩耗性にも優れている．

3.3.2　既設鋼構造物における適用事例

（1）鋼道路橋

　鋼道路橋の防食塗装は，その標準的な技術基準として「鋼道路橋防食便覧」（日本道
路協会，平成 26 年 3 月）が発刊されており，基本とすべき塗装仕様や品質規格などが

68　　第 3 章　腐食鋼矢板水路の再生工法

表 3.3.3　大型施設あるいは実橋で確認された重防食塗装の耐久性[3]

場所	暴露期間	上塗	耐久性の調査結果
海洋技術総合研究施設 （駿河湾沖）	1985〜現在	U, F	30 年近くの耐久性が確認された．さらに長期の耐久性が期待される．
沖縄建設材料耐久性 試験施設（沖縄県海岸）	1990〜現在	U, F	20 年以上の耐久性が確認された．
大鳴門橋	1985〜2004〜現在	U	20 年前後で中・上塗りの塗替え塗装を実施（予防保全的な塗替え）．
瀬戸大橋	1988〜現在	U	
明石大橋	1998〜現在	F	さらに長期の耐久性が期待される．
生月大橋　長崎県海上	1991〜現在	F	さらに長期の耐久性が期待される．

注）F：ふっ素樹脂塗料，U：ウレタン樹脂塗料．

規定されている[2]．鋼道路橋防食便覧（以下，便覧という）の主たる適用範囲は上部構造と橋脚構造で，基本的に大気中の鋼構造物を対象としたものであり，新設時から有機系被覆工法による防食塗装が行われている．便覧に示されている塗装系は，LCC 低減の観点から「重防食塗装系」を基本としており，塗替え用の主たる塗装系である Rc-I 塗装系は，表 3.3.1 エポキシ樹脂塗装系の塗装仕様例に記載している標準膜厚が数百 μm の塗装仕様とほぼ同様のものである．

　鋼道路橋の防食塗装における耐用年数は，海洋環境に設置された大型暴露試験施設や実橋において確認されており，表 3.3.3 に示す調査結果が報告されている[3]．これらの調査結果を踏まえて，新設および塗替用重防食塗装の期待耐用年数は，塩害などの厳しい環境では 30 年，一般環境では 50 年との見解も示されている．ただし，塗替え塗装では，鋼素地を新設橋梁と同等（ISO Sa2.5 以上）にすることが条件とされている．

(2) 港湾施設（鋼管杭，鋼矢板）

　港湾鋼構造物における防食法の選定，設計，施工および維持管理に関する技術書としては，「港湾鋼構造物防食・補修マニュアル（2009 年版）」（沿岸技術研究センター，平成 21 年 11 月）が発刊されており，主に鋼矢板，鋼管矢板，および鋼管杭を対象として記述されている[4]．

　港湾施設の鋼構造物は海水に接し，潮位の変動や波しぶきを受ける環境下にあるため，陸上の鋼構造物とは異なる厳しい腐食特性を示すことになる．このため，港湾鋼構造物防食・補修マニュアルでは，"代表的な被覆防食法の適用性" として表 3.3.4 に示すような整理がなされている（この表は，関係部分のみを抜粋表示している）．なお，表中の海洋厚膜エポキシ塗装系と超厚膜形エポキシ樹脂系被覆の塗装仕様は，表 3.3.1 エポキ

表 3.3.4　代表的な被覆防食法の適用性（関係部分のみの抜粋）

工法		条件	適用防食範囲				適用鋼材の種類				期待耐用年数	初期コスト	適用実績
			海上大気中	飛沫滞	干満滞	海水中	鋼管杭	鋼矢板	鋼管矢板	部材接合部			
工場被覆	塗装	海洋厚膜エポキシ塗装系	○	○	○	○	○	○	○	○	△	◎	◎
工場被覆	超厚膜形被覆	超厚膜形エポキシ樹脂系被覆	○	○	○	○	○	○	○	○	○	○	○
工場被覆	超厚膜形被覆	超厚膜ポリウレタン樹脂系被覆	○	○	○	○	○	○	○	○	○	○	○
現地被覆	水中硬化形被覆	ペイントタイプ	△	○	○	○	○	○	○	○	○	△	◎
現地被覆	モルタル被覆	樹脂製保護カバー方式	○	○	○	○	○	○	○	○	○	△	◎

凡例　適用防食範囲および種類：○適する，△通常は適さない
　　　期待耐用年数：○30 年程度，△20 年程度
　　　初期コスト：◎安価，○中程度，△高価
　　　適用実績：◎実績大，○実績中程度

シ樹脂塗装系の塗装仕様例に記載している標準膜厚が 500 μm 程度から 2 mm 前後の塗装仕様とほぼ同じものである．また，超厚膜ポリウレタン樹脂系被覆の塗装仕様は，表 3.3.2 に示す超厚膜形ポリウレタン樹脂系の被覆仕様と全く同じものである．

　港湾鋼構造物における防食被覆法の期待耐用年数については，海洋暴露試験の結果などを踏まえて 20 年，ないし 30 年程度と記載されている．

（3）水門等

　水門等の機械設備における鋼材の防食塗装は，「機械工事塗装要領（案）・同解説」（国土交通省，平成 22 年 4 月）あるいは「鋼構造物計画設計技術指針（水門扉編）」（農業土木事業協会，平成 21 年 11 月）の中で塗装系の標準塗装仕様と塗装系の選定について記載されている [5,6]．水門扉編の常時水中部および一般環境の乾湿交番部（水位変動部）における標準的な塗装仕様は，表 3.3.1 エポキシ樹脂塗装系の塗装仕様例に記載している標準膜厚が数百 μm の塗装仕様とほぼ同じものである．

70 第3章 腐食鋼矢板水路の再生工法

3.3.3 腐食鋼矢板水路における施工事例

　鋼矢板水路の腐食による劣化損傷に対する取組みは，始まってからまだ日が浅いこともあり，補修対策としての施工事例は極めて少ないのが現状である．ここでは，北陸農政局管内で実施された現地実証試験について，北陸農政局の「鋼矢板水路腐食対策工法整理検討業務報告書」[7] から抜粋した資料を基にして，その概要を紹介する．

(1) 現地実証試験の概要

1) 有機系被覆工法の仕様

　北陸農政局管内の現地実証試験で採用された有機系被覆工法の仕様を表 3.3.5 および表 3.3.6 に示す．参考までに，他局の現地実証試験において採用された仕様も併記している．表 3.3.5 の仕様は，下塗りとして腐食因子遮断性に優れるエポキシ樹脂塗料を使用した比較的膜厚が薄いエポキシ樹脂塗装系の仕様である．また，表 3.3.6 の仕様は，下塗りとして超厚膜形のポリウレタン樹脂被覆材またはウレアウレタン樹脂被覆材を使用した仕様である．各工法の素地調整方法は，ISO Sa2.5 以上（1種ケレン相当）あるいは3種ケレン以上といった錆の除去レベルを規定しているものと，ウォータージェットや重曹ブラストの研削材吐出圧力を規定（すなわち施工方法を規定）しているものなど様々である．鋼構造物の防食塗装においては，1種ケレン（ISO Sa2.5）による素地調整が一般的であるが，当該実証試験では，ウォータージェットや重曹ブラストによる素地調整と規定している工法が多い．これは，鋼矢板水路において想定される各種の制約条件を考慮した上で選定されたものである．

2) 施工概要

　北陸農政局管内の現地実証試験における対象構造物は，図 3.3.1 に示す供用後 40 年を経過した軽量鋼矢板水路（劣化度 S2，水位変動部付近に腐食による開孔あり），ならびに図 3.3.2 にその一例を示すような供用後 10 年前後を経過したそれぞれ IA 型と IIW 型の2つの普通鋼矢板水路（劣化度は S3 と S4，錆層のはく離あり）である．また，有機系被覆工法の施工範囲は，環境の厳しい水位変動部を中心として，下端側は土中部との境界線から上方に約+10 cm の位置，上端側は笠コンクリートの下端までと下端から下方に 30～70 cm 程度までの2通りとなっている．なお，施工に際しては，仮締切と仮回し水路の設置により，施工範囲内の腐食鋼矢板表面を完全に露出させて乾燥状態としている．

　腐食鋼矢板表面の素地調整は，各工法の仕様に基づいてウォータージェットまたは重

第3章　腐食鋼矢板水路の再生工法　71

表 3.3.5　有機系被覆工法（エポキシ樹脂塗装系）の仕様

工法	A	B	C	D	E
素地調整	ウォータージェット（200MPa）	重曹ブラスト（0.4MPa）	Sa 2.5 以上	重曹ブラスト（吐出量不明）	ウォータージェット（150MPa）
防食下地	—	有機ジンクリッチプライマー	無機ジンクリッチペイント	エポキシ樹脂プライマー	PCM 2mm
下塗り	エポキシ樹脂 200μ	エポキシ樹脂 500μ 程度	寒冷地用エポキシウレタン 500μ	エポキシ樹脂 150μ 程度	厚膜柔軟型エポキシ 160μ
中塗り 上塗り	—	アクリルウレタン樹脂	ポリウレタン樹脂	アクリルウレタン樹脂	ポリウレタン樹脂
塗装工程数	2	5	3	4	8
実証地区	北陸，東北	北陸	北海道	北陸	北陸

表 3.3.6　有機系被覆工法（超厚膜形樹脂系）の仕様

工法	F	G	H	I	J
素地調整	ウォータージェット（50MPa）	重曹ブラスト（0.4MPa）	重曹ブラスト（0.4MPa）	ウォータージェット（150MPa）	Sa 2.5 以上
防食下地	エポキシ樹脂プライマー	防錆材入りエポキシ系プライマー	防錆材入りエポキシ系プライマー	エポキシ樹脂プライマー	ウレタン系プライマー
下塗り	ポリウレタン樹脂 2mm	ウレアウレタン樹脂 3mm	ポリウレタン樹脂 3mm	ポリウレタン樹脂 1.5mm	ポリウレタン樹脂 1.5〜2mm
中塗り 上塗り	ポリウレタン樹脂（大気中のみ）	ポリウレタン樹脂	ポリウレタン樹脂（大気中のみ）	—	—
塗装工程数	2	4	2	2	2
実証地区	北陸，東北	北陸	北陸	北陸	北海道

曹ブラストにより行われているが，素地調整後の表面状態はいずれの方法も図 3.3.3 に示すように薄らとした錆が全体的に残存していた．この要因としては，採用した素地調整方法の錆除去能力に限界があったこと，あるいは素地調整後に戻り錆が生じたことが考えられる．なお，素地調整後に確認された腐食による鋼材の開孔部は，図 3.3.4 に示

第3章　腐食鋼矢板水路の再生工法

図 3.3.1　軽量鋼矢板（施工前）

図 3.3.2　普通鋼矢板（施工前）

図 3.3.3　素地調整後の外観

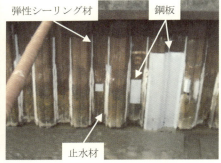

図 3.3.4　前処理工（開孔，継手）

すように鋼板や FRP 板による当て板，あるいはパテ埋めが行われている．また，鋼矢板の継目部では滲出水も部分的に確認されたため，止水セメントや導水パイプによる止水・導水処理，さらには弾性シーリング材等による間詰材の充填が行われている（図 3.3.4）．

　有機系被覆工法の下塗りとして，超厚膜形ポリウレタン樹脂被覆材による吹付け施工の状況を図 3.3.5 に，施工完了後の外観を図 3.3.6 に示す．なお，超厚膜形ポリウレタン樹脂被覆材の端部は，この部分から水の侵入や剥がれが生じやすいとの判断から，弾性シーリング材によりシールを行っている工法もある．

(2) 追跡調査結果の概要

　北陸農政局管内における実証試験において，筆者らが実施した直近の追跡調査結果の概要を，軽量鋼矢板水路と普通鋼矢板水路に分けて，以下に述べる．

第 3 章　腐食鋼矢板水路の再生工法　　73

図 3.3.5　下塗り吹付け施工

図 3.3.6　施工後の外観

図 3.3.7　被覆系工法の外観（遠景）

図 3.3.8　被覆系工法の外観（近景）

1)　軽量鋼矢板水路における調査結果

　図 3.3.1 に示す軽量鋼矢板水路（劣化度 S2，喫水部に開孔あり）では，有機系被覆工法としてエポキシ樹脂塗装系の被覆工法が 1 種類，そして超厚膜形ポリウレタン樹脂系と超厚膜形ウレアウレタン樹脂系の被覆工法がそれぞれ 1 種類施工されている．

　超厚膜形の被覆工法は，施工後 7〜8 年が経過しているが，図 3.3.7 および図 3.3.8 に示すように全体的に健全であり，鋼材の腐食進行は認められない．なお，ウレアウレタン樹脂系では，開孔部の鋼板貼付け箇所において，図 3.3.9 に示すような端部からの錆汁が数箇所で生じており，またポリウレタン樹脂系では，施工範囲の下方に背面水による図 3.3.10 のような被覆材のふくれ（φ20 cm 程度）が 1 箇所で確認された．しかし，これらの変状は局所的であり，その原因と対応策もわかっている．したがって，超厚膜形の被覆工法は，必要とされる防食性能を現時点では発揮できているものと判断される．

図 3.3.9　鋼板貼付け端部の錆汁

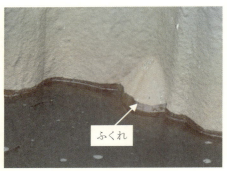
図 3.3.10　被覆材のふくれ

図 3.3.11　塗装系工法の外観（遠景）

図 3.3.12　塗装系工法の外観（近景）

　他方，エポキシ樹脂塗装系の被覆工法は，図 3.3.11 および図 3.3.12 に示すように鋼矢板の継手部および開孔部のパテ埋め箇所の端部から多数の錆汁が生じており，またパテ埋め部の外周に沿って被覆材のひび割れが確認された．なお，これらの錆汁は施工後早い時期から生じていたことが確認されているが，その変状の範囲や程度が経年とともに大幅に拡大している状況は認められないため，全体的な腐食の進行は比較的穏やかであるものと想定される．ただし，外観調査のみでは，錆汁が発生している箇所における鋼矢板の内部腐食進行状況を十分に把握することができないため，今後の詳細調査において確認する必要がある．

2) 普通鋼矢板水路における調査結果

図3.3.2に一例を示す普通鋼矢板水路（2路線，劣化度は各々S3およびS4，錆層のはく離あり）では，有機系被覆工法としてエポキシ樹脂塗装系の被覆工法が3種類，超厚膜形ポリウレタン樹脂系の被覆工法が2種類施工されている．

超厚膜形ポリウレタン樹脂系被覆工法は，施工後4～6年が経過しているが，図3.3.13にその一例を示すように全体的に健全であり，2種類とも鋼材の腐食進行が認められない．なお，鋼矢板継目部の止水処理が不十分な箇所において，背面水の滲み出しが確認されているが，これらの変状は局所的であり，その原因と対応策もわかっているため，必要とされる防食性能を現時点では十分に発揮できているものと判断される．

エポキシ樹脂塗装系の被覆工法においては，塗装系の膜厚などの仕様によって状況が異なっている．膜厚が500 μm程度の比較的厚膜形のエポキシ樹脂塗装系，ならびに防食下地としてPCM（ポリマーセメントモルタル）を使用している塗装系の被覆工法は，その外観の一例を図3.3.14に示すように全体的に健全であり，鋼材の腐食進行は認められない．なお，超厚膜形ポリウレタン樹脂系被覆工法と同様に，鋼矢板継手部に沿った背面水の滲み出しと錆汁も確認されているが，これらの変状は局所的であり，その原因と対応策も分かっているため，必要とされる防食性能を現時点では十分に発揮できているものと判断される．他方，膜厚が150 μm程度の比較的薄膜のエポキシ樹脂塗装系では，図3.3.15および図3.3.16に示すように，水位変動部付近における点錆が多く見受けられるとともに，鋼矢板の継手部に沿った塗膜のひび割れや錆汁の発生も多い傾向にある．この塗装系は，下地の凹凸や継手部の処理としてエポキシ樹脂パテ材を使用してい

図3.3.13　超厚膜形被覆工法の外観

図3.3.14　厚膜形塗装系の外観

図 3.3.15　薄膜形エポキシ樹脂塗装系の外観　　図 3.3.16　薄膜形エポキシ樹脂塗装系の外観（近景）

るが，鋼矢板と熱膨張係数が異なるために塗膜のひび割れが多く発生し，この部分から腐食が進行したものと想定される．この塗装系については，今後の詳細調査において鋼材内部の腐食状況を確認する必要がある．

3.3.4　既設鋼矢板水路における設計・施工上の技術課題
(1)　素地調整レベルと防食性能

　道路橋や港湾施設，水門等の鋼構造物における有機系被覆工法による防食対策は，新設時に工場で塗装・被覆を施すことが前提となっている．したがって，技術書等で規定している1種ケレン（ブラスト処理：ISO Sa2.5以上）による素地調整については，工場内作業により確実に実施することができる．しかし，腐食鋼矢板水路の素地調整は，現地施工に伴う様々な制約条件が想定されることから，1種ケレンによる確実な素地調整の実施が難しい場合も想定される．先に紹介した北陸農政局管内における現地実証試験でも，各工法の素地調整後の鋼矢板表面には錆の残存が確認されていることから，1種ケレン（ブラスト処理：ISO Sa2.5以上）の素地調整には至っていないものと判断される．素地調整の良否が防食性能に大きく影響することはよく知られているところであるため，腐食鋼矢板水路において使用が想定される各種素地調整方法について，その素地調整レベルを正しく把握することが求められている．そして，素地調整レベルと防食性能の関連性についても更なる検討を加えることにより，鋼矢板水路において適切な素地調整方法を選定できるようにすることが望まれる．

　腐食鋼矢板水路において使用が想定される各種素地調整方法の素地調整レベルに関しては，北陸農政局土地改良技術事務所が実施した「腐食鋼矢板に対する素地調整試験

施工の概要と結果」[8] が参考になると思われるため，以下にその要点を紹介するとともに筆者の見解を述べる．

試験施工の概要は，図 3.3.17 に示す供用後の腐食軽量鋼矢板（LSP-2型）に対して，表 3.3.7 に示す仕様の異なる 5 工法で素地調整を行った後，各工法の錆除去程度を外観目視と付着強度試験により検証したものである．なお，使用した軽量鋼矢板の最大腐食量は，いずれも水位変動付近で 1 mm 以上となっている．

図 3.3.17　腐食軽量鋼矢板の外観

素地調整前の腐食鋼矢板（水位変動部付近）の外観を図 3.3.18 に，また各工法による素地調整後の外観を図 3.3.19〜図 3.3.23 に示す．素地調整前後の外観から明らかなように，腐食鋼矢板に対して 1 種ケレン（ブラスト処理：ISO Sa2.5 以上）を行うためには，オープンブラストにより素地調整を行う必要があることがわかる．他方，超高圧水洗浄と高圧水洗浄による素地調整では，浮き錆は除去できるものの 1 種ケレン（ブラスト処理：ISO Sa2.5 以上）までは難しそうであり，さらにサンダーケレンによる素地調整では，凹部の錆除去が十分にできないことがわかる．

次に，素地調整後に行った鋼矢板表面の付着強度試験の結果を図 3.3.24 に，また付着

表 3.3.7　素地調整工法一覧表

	工法名	仕様			
		吐出圧力 (MPa)	吐出量 (L/min)	ノズル種類	スタンドオフ距離 (cm)	研削材
(a)	超高圧水洗浄	200	13.5	旋回式 2 本ノズル	3	水
(b)	超高圧水洗浄	100	11.0	旋回式 2 本ノズル	3	水
(c)	高圧水洗浄	14.7	16.0	旋回式 1 本ノズル	3	水
(d)	オープンブラスト	0.4	—	—	15	フェロニッケルスラグ
(e)	サンダーケレン	—	—	—	—	—

78　第3章　腐食鋼矢板水路の再生工法

図 3.3.18　腐食鋼矢板（素地調整前）　　図 3.3.19　(a) 超高圧水洗浄後（200 MPa）　　図 3.3.20　(b) 超高圧水洗浄後（100 MPa）

図 3.3.21　(c) 高圧水洗浄後（14.7 MPa）　　図 3.3.22　(d) オープンブラスト後　　図 3.3.23　(e) サンダーケレン後

強度試験後の破断面の代表例（防食下地ありの場合）を図 3.3.25 に示す．なお，付着強度試験は，素地調整後の表面にエポキシ樹脂接着剤を塗布して引張冶具を貼付けた場合と，素地調整後の表面に有機系表面被覆工法の防食下地として有機系ジンクリッチプライマーを予め塗布し，その上に引張冶具をエポキシ樹脂接着剤で貼付けた場合の 2 条件で行っている．図 3.3.24 に示すように，素地調整後の付着強度はオープンブラストが最も大きい値となっており，1 種ケレンの有効性が示されている．他方，超高圧水洗浄からサンダーケレンまでの工法は，いずれも 3 N/mm^2 以上の付着強度を有しているが，オープンブラストと比較すると強度低下が大きい．なお，ジンクリッチプライマーを予め塗布した場合は，オープンブラストも超高圧洗浄も 6 N/mm^2 前後とほとんど変わらない値となっている．これは，使用したジンクリッチプライマーの最大付着強度が 6N /mm^2

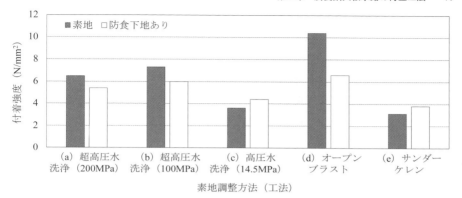

図 3.3.24　付着強度試験結果

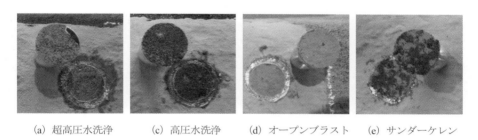

図 3.3.25　付着強度試験後の破断面（防食下地ありの場合）

付近であったためと想定される．これらの結果から判断すると，素地調整後の鋼矢板表面に多少の錆層が残存していても，有機系被覆工法において必要とされている付着強度を確保できるものと考えられる．しかし，図 3.3.25 の付着強度試験後の破断面を観察すると，鋼材表面に残存する錆の層で破断している状況がうかがえる．これは，鋼矢板と有機系被覆材の接着界面に脆弱な錆層が形成されていることを示すものであり，将来的にこの部分が引き金となって新たな錆の進行や付着強度の低下を来すことが懸念される．

したがって，これらの結果を総合的に判断すると，腐食鋼矢板の素地調整工法としては，オープンブラストが最適と判断される．ただし，本試験施工におけるオープンブラストの日進量は，超高圧水洗浄の 1/2～1/3 程度と少ないこと，また作業中に発生する粉塵に対する対応が求められることに留意する必要がある．他方，超高圧水洗浄による素

地調整は，1種ケレン相当とはならないが，錆の残存は僅かであり，十分な付着強度を有していることを確認している．また，前述の実証試験における施工事例でも，追跡調査期間は短いものの，適切な有機系被覆工法を使用することにより良好な防食性能が得られている．これらの結果を考慮すると，超高圧水洗浄は，種々の制約からオープンブラストの実施が困難な場合の代替工法となり得る可能性があるものと考えている．

(2) 鋼矢板の断面欠損部や継手部等の前処理工

1) 前処理工の必要性

北陸農政局管内で行われた現地実証試験の追跡調査結果によると[7]，有機系被覆工法において確認されている変状は，そのほとんどが鋼矢板の腐食により生じた断面欠損部（凹み部や開孔部）付近および鋼矢板の継手部付近に集中しており，変状の内容は錆汁と被覆材のひび割れ，ふくれとなっている（図 3.3.9〜図 3.3.12）．したがって，有機系被覆工法による腐食鋼矢板の防食対策において，その防食効果の持続期間（期待耐用年数）を長くするためには，これらの特定箇所における変状の発生と進行を抑えるための前処理工が極めて重要である．

2) 開孔部，断面欠損部の前処理

腐食鋼矢板の断面欠損部（凹み部や開孔部）においては，前処理工として鋼板等による当て板（図 3.3.4），あるいは図 3.3.26 に示すような樹脂パテによる修復が行われている．しかし，これらの修復材と既設鋼矢板の一体化性（接着性や水密性，あるいは温度変化に伴う膨張収縮挙動など）が図られていない場合は，背面からの滲出水による被覆材のふくれや錆の発生，あるいは被覆材のひび割れなどが起こりやすいことに留意する必要がある．

また，修復箇所の端部は，鋼板の角部や樹脂パテ表面の段差等が存在するため，被覆材の膜厚を適切に確保することが難しい．このような箇所に薄膜形のエポキシ樹脂塗装系で被覆する場合は，事前に不陸調整材により図 3.3.27 に示すような段差修復を行う，あるいは重ね塗りにより膜厚を確保するなどの対応が求められる．なお，樹脂パテによる不陸

図 3.3.26　樹脂パテによる修復

調整においては，下地鋼材との熱膨張係数の差が大きいため，経年的に不陸調整材とその上の被覆材にひび割れや剥がれを生じやすいことに注意しなければならない．

3）鋼矢板継目部の前処理

鋼矢板継目部の前処置は，図 3.3.4 に示すように，止水セメントや弾性シーリング材などの間詰材を継目部の間隙に充填する方法が一般的である．現地実証

図 3.3.27 鋼板角部の段差修復

試験の追跡調査結果によると，間詰材として弾性シーリング材を充填している超厚膜形のポリウレタン樹脂系およびウレアウレタン樹脂系の被覆工法では，継手部における変状はほとんど認められない．しかし，間詰材として樹脂パテを充填している薄膜形のエポキシ樹脂塗装系の被覆工法では，継手部の変状（錆汁，被覆材のひび割れ）が多く確認されている．これは，充填後の樹脂パテ表面に凹凸があったため所定の膜厚を確保出来なかったこと，あるいは樹脂パテおよび被覆材が硬いため，継手部の動きに追従できなかったことが要因と考えられる．したがって，膜厚の薄いエポキシ樹脂塗装系の被覆工法を施工する場合は，継手部における変状の発生を防止するため，柔軟型の間詰材やエポキシ樹脂塗料を使用するなど，何らかの対応策を講じる必要があるものと判断される．

(3) 施工範囲の設定

現地実証試験における有機系被覆工法の施工範囲は，腐食の激しい水位変動部を中心として設定されているが，基本的には，今後の腐食量を予測した上で，供用期間中に耐荷性に支障を来すことが想定される箇所を施工範囲とすることでよいものと考えられる．ただし，施工範囲を図 3.3.28 に示すように露出鋼材の途中までとする場合は，未塗装部分の腐食が進行した時に，未塗装部分と接する塗装部分に変状が出ないことが条件となる．被覆材の付着力が小さいと，未塗装部分に生じた錆層が塗膜下に進展することが懸念され，また雨水が被覆材端部から侵入して剥がれの要因となることも想定される．したがって，施工範囲の端部が弱点とならないようにするためには，図 3.3.29 に示すように鋼材の露出部分を全て（笠コンクリートの下端まで）被覆することも一つの方法で

　　図 3.3.28　露出鋼材途中まで被覆　　　　　図 3.3.29　笠コンクリート下端まで被覆

ある．

(4) 有機系被覆工法の耐用年数
1) 超厚膜形ポリウレタン樹脂系の耐用年数

　鋼矢板水路の水位変動部付近を主体とした腐食形態は，港湾施設の鋼矢板護岸と共通するところが多い．したがって，港湾施設とほぼ同じ仕様を用いている超厚膜形ポリウレタン（またはウレアウレタン）樹脂系の有機系被覆工法は，鋼矢板水路においても港湾施設の期待耐用年数 30 年以上（表 3.3.4 より）と同等以上の耐久性を発揮できる可能性がある．ただし，これは素地調整工としてオープンブラストにより 1 種ケレンを行うことが前提となる．なお，鋼矢板水路内の素地調整工では，現地施工に伴う様々な制約条件があるため，オープンブラストに替えて超高圧水洗浄等により施工する場合も想定される．現地実証試験では，これらの代替工法により素地調整工が行われているが，いずれも 1 種ケレン相当の素地調整レベル（ISO Sa2.5 以上）までには至っていない．しかし，その後の追跡調査結果では，施工後 7～8 年が経過しているものの全体的に健全であり，鋼材の腐食進行も認められていないことから，さらに長期間に亘る耐久性が期待できそうな状況である．十分な素地調整がなされていないにも拘わらずこのような性能が発揮されている要因としては，鋼矢板水路の水質が淡水であるために腐食環境が比較的穏やかであることが考えられる．したがって，淡水環境の鋼矢板水路における有機系被覆工法の防食性能とその耐用年数を正確に把握するためには，素地調整レベルの違いによる影響も含めて，更なるデータの収集・蓄積を行った上で評価する必要があるものと思われる．

2) エポキシ樹脂塗装系の耐用年数

港湾施設において施工されているエポキシ樹脂塗装系の有機系被覆工法は、厚膜形あるいは超厚膜形のエポキシ樹脂塗料が採用されており、その膜厚は少なくとも 500 μm 程度以上となっている。したがって、鋼矢板水路において、港湾施設の期待耐用年数 20 年程度（表 3.3.4 より）と同等以上の耐久性を得るためには、1 種ケレンによる素地調整工と厚膜形エポキシ樹脂塗料（500 μm 程度）を用いた被覆工法による施工が推奨される。なお、先にも述べたように、淡水環境の鋼矢板水路においては、素地調整工として超高圧水洗浄等の代替工法を適用できる可能性も考えられる。

3.3.5　維持管理における留意事項

（1）追跡調査の時期と着目点

日本鋼構造協会発刊の「重防食塗装」では、鋼構造物の重防食塗装における維持管理上の留意点として、「防食機能や耐久性の低下を早める初期欠陥を早期に発見し、早期に処置を行うため、初期点検の時期は供用後 2 年以内とすること。」と記載されている[9]。したがって、腐食鋼矢板水路の防食対策工事においても、施工 1 年後（もしくは 2 年後）の追跡調査を実施し、初期欠陥の把握とその対処を行うことが望まれる。また、各種有機系被覆工法の防食性能とその耐久性を検証し、さらなる技術の向上を図るためには、施工後の定期的な追跡調査の実施と調査結果のフィードバックを心がけることが重要である。

腐食鋼矢板水路における現地実証試験の追跡調査によると、有機系被覆工法に生じている変状は、腐食鋼矢板の断面欠損部（凹み部や開孔部）および鋼矢板の継目部に集中しており、変状の種類は錆汁の発生と被覆材のひび割れ、ふくれである。したがって、追跡調査や点検時は、これらの箇所と変状に着目して調査を行うことが望ましい。

（2）供用中の留意点

有機系被覆工法の被覆材は、石や金属等の硬い物体、あるいは鋭利な物体との接触や衝突により破損や剥がれが生じやすく、また火気に接すると燃焼しやすい。このため、水路底版の泥上げ作業等でスコップや重機を使用する場合は、被覆材を傷つけないように注意し、必要に応じて養生対策を施すことが望ましい。また、被覆材近傍での野焼き作業に際しては、被覆材が燃焼しないように配慮する必要がある。

3.4 パネル被覆工法

3.4.1 構造的特徴

パネル被覆工法とは，既設鋼矢板表面にコンクリート二次製品やステンレス製のパネルを設置し，既設鋼矢板とパネルとの間にコンクリートを充填する補修工法である（図 3.4.1）。鋼矢板水路が施工される設置環境は，一般的に地下水位が高いため湿潤な土地条件であることが多く，2.3 において詳説した新潟県亀田郷地区においても湿潤な周辺環境

図 3.4.1 鋼矢板－コンクリート複合材による補修事例

において地耐力の問題から鋼矢板水路が構造形式として選定されている．パネル被覆工法の構造的特徴は，鋼矢板 - コンクリート複合材として断面補修が行われることにある．断面構造は，パネルと既設鋼矢板とを金属製金具で連結した後にコンクリートを充填している複合構造（図 3.4.2）にあり，各種応力場における構造部材の変形挙動とひび割れ発生を含めた損傷進行との関連を設計・施工段階において精緻に評価・検証する必要がある．筆者らによる実証的検討事例は 5.6.2 において紹介している．

パネル被覆工法を既存施設へ適用する際には 2 つの技術的課題がある．第 1 に被覆材にコンクリートを用いることから，軟弱地盤上に設置された自立式鋼矢板水路の場合，

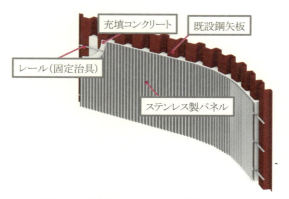

図 3.4.2 鋼矢板-コンクリート複合材断面構造

第 3 章　腐食鋼矢板水路の再生工法　　85

表 3.4.1　複合構造の効果

効果	評価指標
個別材料の組み合わせによる補完作用（補修・補強効果）	耐久性，鋼材保護（腐食抑制），強度等の物性値
合成作用	断面定数（断面二次モーメント等）
施工の合理化	工期短縮，工事費の低減
水理特性の改善	流動形態，流速

被覆前後での変位量を比較し，許容変位量 [10] を満足しているか否かを確認する必要がある．農業水利施設の場合，壁高 4.0 m 以下において鋼矢板水路の許容変位量は H/40（H：壁高（m））であり，壁高 4.0 m を超える場合は 0.10 m と定義されている [10]．補修後断面においても同様の許容変位量が適用されるものと推察され，変形が卓越する場合，ひび割れ損傷の発生・進展に伴い補修後断面の長期耐久性能の低下を引き起こされる．第 2 点目の論点として，鋼矢板－コンクリート複合材の一般的議論として複合構造（hybrid structure）の構造的利点を明確にする必要がある．表 3.4.1 に複合構造の改善効果を取りまとめる．鋼矢板水路を鋼矢板‐コンクリート複合材で補修した場合，主に 4 項目の効果が考えられる．既存施設では，鋼橋などと比較して維持管理が十分に行われていないことが多く，鋼矢板の腐食が極度に進行する事例が散見される（図 2.1.2）．腐食代の残存する鋼矢板区間を補修した場合，鋼矢板表面をコンクリートで保護することにより耐久性能の向上が期待できる．加えて，複合構造にすることにより断面二次モーメントの改善を含めた合成作用や既存施設を有効利用することで施工や資材の合理化が期待できる．補修後断面の通水性能は，粗度係数 [11] の標準値が鋼矢板（平滑な鋼表面）n = 0.012 であるのに対して，コンクリート製パネルを使用した場合 n = 0.014（既設フリューム類）である．腐食鋼矢板の通水特性に関する詳細な技術的議論は必要であるが，通水断面が平滑になることにより合成粗度は改善されるものと推察される．

　これらのことから，既存施設へコンクリート被覆を施した場合，鋼矢板‐コンクリート複合材による耐久性能の向上に加えて，水理特性の改善も期待できる．そこで 3.4.2 において実構造物への適用性と設計・施工における技術課題を詳説する．

3.4.2　実構造物への適用性と設計・施工上の技術課題

　パネル被覆工法を既設鋼矢板水路へ適用する際の適用性と設計・施工における技術課題には，(1) 既設鋼矢板表面へのコンクリート被覆効果，(2) 鋼矢板－コンクリート複合材の構造設計の 2 つの論点がある．これ以外にも，対象が農業水利施設であることか

86   第 3 章 腐食鋼矢板水路の再生工法

ら，補修後の通水断面を考慮した水理特性の性能評価等も詳細に検討する必要があるが
本書では上記（1）と（2）について詳説する．

（1）既設鋼矢板表面へのコンクリート被覆効果

　既設鋼矢板表面にコンクリートを被覆した場合，被防食体である鋼矢板をコンクリー
トで被覆し，コンクリートが持つ強アルカリにより矢板表面に形成される不動態皮膜で
鋼矢板表面を腐食作用から保護するものと推察される．

　既往研究では鋼管杭を対象にコンクリート被覆の効果検証が港湾技術研究所におい
て試みられており，主に 2 点の技術的論点が明らかにされている [12]．海洋環境に設置さ
れた鋼管杭に鉄筋コンクリート被覆を施した場合，竣工後 30 年経過した既存施設にお
いて顕著な外観上の変状は確認されなかった．加えて，高濃度の塩化物イオンが確認さ
れたとしても，酸素供給が少ない場合，内部鋼材の腐食は確認されなかった．水位変動
部など酸素供給が懸念される部位に適切な保護を施すことにより，鋼矢板－コンクリー
ト複合材の長期耐久性能が確保できることが指摘されている．コンクリート被覆による
力学特性の改善は，清宮ら [13] や鈴木 [14]，土田ら [15] の研究を確認することができる．い
ずれの研究もコンクリート被覆に伴い各種応力場における荷重変位挙動の改善（力学特
性の改善）が報告されている．海外においても同様の試みは広く行われており（例えば，
文献 [16]），鋼矢板－コンクリート複合材（パネル被覆工法）は既設鋼矢板保護を目的と
した有用性の高い補修工法であると考えられる．

　補修効果を長期間発揮させるためには表 3.4.2 に示す技術課題を精緻に検討する必要
がある．充填コンクリートと既設鋼矢板との付着を確実にするために既設鋼矢板表面の
素地調整（図 3.4.3）を十分に検討し，複合構造である鋼矢板－コンクリート複合材の安
定性を確保する必要がある．加えて，鋼矢板水路の矢板擁壁は外力による変形を許容す
る構造物となっているため笠コンクリートのように延長方向で合成の高い構成部材に

表 3.4.2　補修効果の影響要因

検討項目	概要・評価指標
素地調整レベルと防食性能	図 3.4.3
鋼矢板の欠損部や継目部等の前処理工	図 3.4.4
施工範囲の設定	図 3.4.5
施工時の品質管理	溶接管理，充填管理
補修後再劣化判定	図 3.4.6，表 3.4.3

第3章　腐食鋼矢板水路の再生工法　87

図 3.4.3　既設鋼矢板表面

図 3.4.4　目地施工位置

図 3.4.5　パネル被覆範囲

は一定区間で伸縮目地を設けることが一般的である．パネル被覆工法の目地工，笠コンクリートなどの既存施設で設けられた目地の位置と伸縮目地を一致させることが望ましい（図 3.4.4）．図 3.4.5 に示すパネル被覆範囲の設定は，維持管理のみならず長期的な部材安定性に影響するため考慮する必要がある．これらを考慮することにより長期耐久性能をパネル被覆工法に付与することができる（既存施設の一例，図 3.4.6）．その際，溶接管理やコンクリートの充填管理を十分に行う必要がある．供用期間中に既存施設の劣化が顕在化した場合，「港湾・鋼構造物防食・補修マニュアル（2009 年度版）」[4]（表 3.4.3）に代表される性能評価指標による検証が必要であり，既存施設の実態蓄積による評価精度の向上が不可欠である．

図 3.4.6　長期供用中のパネル被覆工法（平成 4 年施工）

表 3.4.3　コンクリート製パネル被覆工法の劣化度判定例[4]

劣化度	点検・調査結果	防食性能評価
A	①残置型枠が広い範囲で脱落している ②残置型枠表面または目地部から多量の錆汁を確認 ③打音検査等で打音による広範囲の被覆コンクリートのうきを確認 ④残置型枠にうき，ずれおよびひび割れが発生している ⑤天端部の吸出しによる陥没 ⑥コアカッターサンプルで鋼材肉厚の減少確認	防食性能の著しい低下
B	①パネル目地部またはパネルにひび割れを確認 ②伸縮目地，パネル目地のズレはないが錆汁が発生 ③パネルから背面水の流出箇所がある ④打音検査では被覆コンクリートなどのうきは確認されない ⑤コアサンプルで鋼材の肉厚の減少は認められない	防食性能が低下
C	①残置型枠に変色白亜化が認められる ②被覆表面にひび割れは認めるが，その範囲は 1% 以内 ③被覆部表面，目地部から背面水の流出はあるが微小	防食性能の低下は変状が発生している状況
D	①初期状態と変化がなく，健全な状態にある	変状が認められない状態

(2) 鋼矢板－コンクリート複合材の構造設計

　鋼矢板－コンクリート複合材の構造的特徴は，既設鋼矢板表面をコンクリートで被覆することであり，その施工性や構造安定性をパネルと取り付け金具，充填コンクリートにより具現化していることにある．具体的に補修工法を既存施設へ適用する際には，既設鋼矢板へコンクリート被覆を施した場合の構造安定性を評価する必要がある．パネル被覆工法の場合，補修後の想定板厚の増加により既存施設へ作用する (1) パネル材と

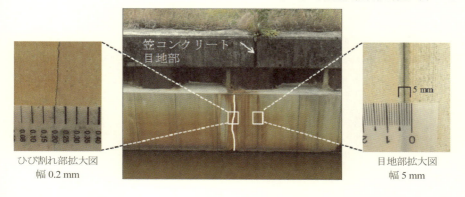

図 3.4.7　コンクリート・パネルにおけるひび割れの顕在化事例

裏込めコンクリートの増加重量，(2)パネル材表面で発生する曲げモーメントを①応力度，②変位量，③支持力（沈下量）の照査を行うことにより適用の可否を判断する必要がある．本書では具体的計算事例を 5.5.3 において提示する．

3.4.3　維持管理における技術課題

パネル被覆工法の維持管理は，一般的なコンクリート構造物における補修後断面事例と同様に，補修材の早期劣化や鋼矢板表面をパネル材により被覆することから鋼矢板と被覆材（パネル材，裏込めコンクリート）の剥離などに留意する必要がある．コンクリート・パネルを用いる場合，図 3.4.7 に示すひび割れ損傷の顕在化など，留意すべき変状は既存施設と相違は無い．

3.5　更新工法

3.5.1　構造的特徴

鋼矢板による更新工法には，既設鋼矢板と同じ仕様の鋼矢板を新規に打ち込み原形に復旧させる方法（以下，原形復旧と記す）と耐食性の高い新設矢板を設置して水路の機能向上を図る復旧方法がある．

鋼矢板水路に作用する土圧等の外力条件に変化がなければ，基本的に原形復旧することは可能である．ただし，災害時の原形復旧に比べ，鋼矢板の老朽化に対する原形復旧は，建設当時から長い年月が経過していることが予想されるため，設計基準の改定により，既存不適格となる場合もあり，注意が必要である．

一方，設置する環境条件の変化により既設鋼矢板よりも耐食性を向上させたい場合やライフサイクルコスト（以下，LCC と呼ぶ）の向上を図りたい場合には，重防食鋼矢板やステンレス鋼矢板などを用いることが有効である．一般的に腐食が大きく進行した鋼矢板の補修・補強・更新には多額の費用がかかるため，一度設置した鋼矢板を撤去せず，できるだけ長く供用することが LCC の点では有利であり，鋼矢板の高耐久化が望まれている[17]．農林水産省「農業水利施設におけるストックマネジメントの取組について」[18] においても，施設の機能保全を効率的に実施することを通じて，施設の有効活用や長寿命化を図り，LCC を低減する取組みを推進している．本取組み方針からも農業水利施設における鋼矢板の更新には，LCC を考慮した材料の選定を行うことが望まれており，今後必要であると考えられる．

(1) 重防食鋼矢板[19]

重防食鋼矢板は被覆防食法に分類され，被覆材料に有機材料を用いている．被覆防食法とは，鋼材表面を有機・無機材料で被覆を行うことで，鋼材と空気や水などの腐食環境と遮断することにより防食を行う方法である．重防食被覆に用いられる被覆材料には比重，引張破壊応力，引張破壊ひずみ（引張破壊呼びひずみ），硬さ，吸水率，体積手効率について規定を満たし，耐海水性，耐候性，密着性，耐せん断等について十分に検証された「ウレタンエラストマー」を使用する．重防食鋼矢板は，工場において図 3.5.1 のようにウレタンエラストマー被覆する．「鋼矢板 Q&A（2017）」[19] によると，重防食被覆は通常，水路側のみに施し，被覆範囲は，笠コンクリート直下から L.W.L.-1.0 m 以深とすることが望ましく，笠コンクリートへの埋め込み代は，一般に 50 mm～100 mm 程度としている．

また，重防食鋼矢板の耐用年数（耐久性や防食効果）は，施工場所における環境

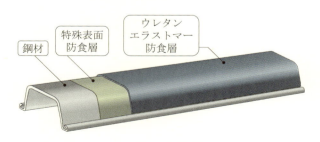

図 3.5.1　ウレタンエラストマー被覆の標準構成例[22]

条件や，施工後の維持管理によって大きく異なる．一例として「港湾鋼構造物　防食・補修マニュアル（2009年版）」[4]では，鋼矢板に使用される重防食の期待耐用年数は20年程度とされている．なお，重防食鋼矢板関連の文献[20,21]では，室内・屋外試験結果など，重防食矢板の耐久性に関する内容が記載されているので参照されたい．

(2) ステンレス鋼矢板[17]

　ステンレス鋼矢板は，従来の軽量鋼矢板の材質を改良することで，鋼矢板の長寿命化を目的とした製品である．鋼矢板水路の劣化の主要因である鋼材の腐食問題に対し，耐食性鋼の代表的な材料であるステンレス鋼を活用することで，高耐久鋼矢板の検討を行っている．現在，農林水産省農村振興局所管の官民連携新技術研究開発事業における実証試験[23]にて，データの蓄積を行っている（図3.5.2）．本取組みでは，農業水利施設の腐食環境に応じたステンレス鋼の材料設計およびLCCに優れたステンレス鋼矢板の開発を目標としている．

　現在開発中のこの鋼矢板は，従来の軽量鋼矢板のような孔があくような腐食にはなりにくく，耐久性に優れた製品である．また，ステンレス鋼は鋼種が多く，使用する環境と希望する耐用年数を鑑みた設計が可能となる．ステンレス鋼とは，鉄（Fe）とクロム（Cr）の合金鋼であり，クロムが環境中の酸素と結びついて保護性の強い不動態皮膜を瞬時に形成するため，錆に強い材料であるが，全く錆びない金属ではない．図3.5.3に普通鋼とステンレス鋼の腐食形態の違いを示す．ステンレス鋼は，通常数～数十μm程度の径の微細な孔食による「局部腐食」となるが，普通鋼は全面発錆による全体の減肉

(a) 人工池作成

(b) 拡大写真

図3.5.2　ステンレス鋼矢板を用いた人工池（開発中）

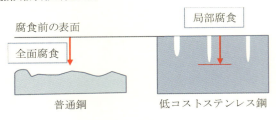

図 3.5.3　ステンレス鋼の腐食形態 [17]

腐食となる．ステンレス鋼では，孔食の部分に点錆が発生し，経年によりその数が次第に増加し，やがて合体して徐々に錆び面積が拡大することはあるが，深さ方向への腐食速度は小さい．これは，局部腐食部で再乾燥時に不動態皮膜が再生するためである．つまり，ステンレス鋼には普通鋼に比べると貫通する孔が発生し難い特徴がある．これは，鋼矢板の材料としては好ましい材料特性といえる．

3.5.2　実構造物への適用性と設計・施工上の技術課題

更新工法の実施にあたっては，新設鋼矢板の打設の施工計画および使用する材料設計の2点について検討を行う．

鋼矢板による更新では，既設鋼矢板に対して新設鋼矢板をどのように配置するかの取り合いを考慮した設計を行う必要がある．一般的な配置については次のような方法がある．①既設鋼矢板の前面（水路側）に新設鋼矢板を打設する場合，②既設鋼矢板の背面（土壌側）に新設鋼矢板を打設する場合，③既設鋼矢板と同じ法線に新設鋼矢板を打設する場合となる．これらの新設する鋼矢板の施工方法については，現地状況，周辺環境など設計に関する諸条件（建設当時と周辺環境が異なり，護岸近傍に住宅が隣接する場合や護岸に沿って上空に電線が設置されている場合等）を整理し，最良と考えられる工法を選定するのがよい．

なお，前述した配置方法に関する実績については，腐食環境の厳しい港湾分野での実例が多い．既往の研究によれば，これらの施工方法に関する課題として，タイロッド式護岸を対象とした更新工事を実施した事例 [24] や老朽化に関する改良設計として，岸壁前面構造物の新設工事（法線前出し）を実施した事例 [25] の報告がある．

施工方法の検討と同時に，新設する鋼矢板について材料を設計する．材料の設計は，設計基準に基づいて行う．設計基準の改訂や過去の設計時と比べ地盤条件が変わっている可能性についてはよく調査を行い，土質・地形条件，地中の埋設物の有無，現場およ

第 3 章 腐食鋼矢板水路の再生工法 93

び周辺の環境条件等に関しても留意されたい．これら施工に関する課題と材料の選定に関する課題について，以下にて詳説する．

（1）施工

1）水路側に新設鋼矢板を打設する場合

新設鋼矢板を既設鋼矢板の前面（水路側）に打設する場合には，水路幅が減少することから，計画流量が確保されているか確認を行う必要がある．また，新設鋼矢板と既設鋼矢板の隙間に裏込めを行うため，裏込め材の施工方法を加味した新設鋼矢板の法線位置を検討し，施工時の側圧に対し安全となるような裏込め方法あるいは鋼矢板の型式を選定する．切梁式護岸は，新設鋼矢板の打設前に切梁の撤去工事を行うため，既設切梁が負担していた荷重を一時的に受け持つための仮設支保工の計画を行う必要がある．

2）土壌側に新設鋼矢板を打設する場合

新設鋼矢板を既設鋼矢板の背面（土壌側）に打設する場合には，背面土壌内の埋設物に干渉する恐れがある．タイロッド式護岸では，新設鋼矢板の打設時に既設タイロッドが干渉するため施工方法の検討が必要となる．例えば，背面土壌側の地盤を所定深さまで掘削後，既設タイロッドを先行して撤去し，背面に新設鋼矢板を打設する方法等がある．

3）既設鋼矢板と同じ法線に新設鋼矢板を打設する場合

新設鋼矢板を既設鋼矢板と同じ法線に打設する場合には，あらかじめ既設鋼矢板を撤去する必要がある．既設鋼矢板を引抜く計画を立てる場合には，既設鋼矢板腐食の状況や老朽化した継手部の嵌合が外れないなどにより，引抜きが困難となる場合があることに留意する．特に，老朽化の進んだ鋼矢板は，嵌合部を残して鋼矢板のウェブおよびフランジ部が大きく損傷しているケースがある．このような状態の既設鋼矢板は，引抜き時に鋼矢板が破断する恐れや，既設鋼矢板の継手部の老朽化（一体化），土砂のつまりなど，嵌合部の摩擦が高くなることにより，複数枚の鋼矢板が同時に持ち上がってくることが起こり得るため，注意が必要である．また，既設鋼矢板の引抜き前には，背面に仮設鋼矢板を設置するなど，土壌の安定を図る必要がある．これまでの課題同様に，切梁式護岸，タイロッド式護岸では前面側または背面側に支保工やアンカー材があるため，これらの撤去の際，一時的に土圧を受けられる仮設土留めの設置などについて，計画時に検討する．

94   第 3 章   腐食鋼矢板水路の再生工法

(2) 材料

　既設鋼矢板が非常に古い場合には，現在製造されていない鋼矢板の型式もあるため，不明な場合は，鋼矢板製造会社へ確認することが望ましい．原形復旧する場合の耐久性については，既設鋼矢板がどの程度健在であったかが新設鋼矢板の耐久性の指標となる．前述の通り，新設鋼矢板に使用する材料設計を行う際には，LCC を考慮して選定することが重要である．

3.5.3　維持管理における技術課題 [25]

　普通鋼矢板および軽量鋼矢板の場合，維持管理における点検手法は，第 1 に目視による外観検査，第 2 に超音波板厚計等による残存板厚の調査が一般的である．参考として，港湾構造物の矢板式係船岸の点検項目と頻度を表 3.5.1 に示す．

　ただし，超音波板厚計による板厚調査は，調査に時間と労力がかかるため，非接触で腐食状況を把握できる手法など，将来的に簡易的な調査手法が求められている．

表 3.5.1　定期点検項目と頻度 [26]（鋼矢板に関する項目のみ抜粋）

位置	点検項目	標準点検頻度
本体（鋼矢板）	鋼矢板法線の凹凸 腐食状況	2 年に 1 回 2 年に 1 回 （板厚測定は 5 年に 1 回）

参考文献

1) 上條達幸，高島功治，北田智子，有働卓，山内祐一郎：腐食鋼矢板水路に対する塗装・被覆防食工法の適用性，鋼矢板水路の腐食実態と補修・補強対策，株式会社第一印刷所，（2017），pp.28-35.
2) （公社）日本道路協会：鋼道路橋防食便覧，（2014）.
3) 片脇清士：塗装工事における設計・施工の留意点，建設の施工企画，（2012），pp.44-49.
4) （一財）沿岸技術研究センター：港湾鋼構造物防食・補修マニュアル（2009年版），（2009）.
5) 国土交通省総合政策局建設施工企画課：機械工事塗装要領（案）・同解説，（2010）.
6) （一社）農業土木事業協会：鋼構造物計画設計技術指針（水門扉編），（2009）.
7) 北陸農政局：鋼矢板水路腐食対策工法整理検討業務報告書 高度化事業での取り組み成果の整理，（2015）.
8) 北陸農政局土地改良技術事務所：鋼矢板排水路腐食対策マニュアル作成その2 業務報告書 素地調整試験施工の概要と結果，（2017）.
9) （一社）日本鋼構造協会：重防食塗装，（2012），pp.156-157.
10) 農林水産省農村振興局：土地改良事業計画設計基準設計「水路工」，（2014），pp.477.
11) 農林水産省農村振興局：土地改良事業計画設計基準設計「水路工」，（2014），pp.185-188.
12) 山路徹，与那嶺一秀，審良善和，阿部正美，原田典佳，田中隆太，角野隆，香田一哉，金杉賢，後藤宏明，松田英樹，江口宏幸，松井良典，岸慶一郎，久保田一男，永尾直也，星野雅彦，川瀬義行，小泉文人，小林裕，増田和広，吉川幸雄，中村聡志：長期海洋暴露試験に基づく鋼管杭の防食工法の耐久性評価に関する研究（30年経過時の報告），港湾航空技術研究所資料，1324，（2016），pp.58-67.
13) 清宮理，野口孝俊，横田弘：腐食鋼矢板の補修工の耐力特性，港湾技術研究所報告，28（3），（1989），pp.147-198.
14) 鈴木哲也：コンクリート被覆を施した腐食鋼矢板の曲げ挙動評価に関する研究，土木構造・材料論文集，29，（2013），pp.75-82.
15) 土田真生，島本由麻，鈴木哲也，浅野勇：鋼矢板－鉄筋コンクリート複合材の曲げ載荷過程における破壊挙動評価に関する研究，コンクリート工学年次論文集，Vol.40，No.1，（2018），pp.1491-1496.
16) El-Shihy, A. M., Moy, S. S. J., El-Din, H. S., Shaaban, H. F. and Mustafa, S. A. A.: Torsional effect on steel-concrete composite sections subjected to negative moment, Materials and Structures, 45(3), (2012), pp.393-410.
17) 浅野勇，川邉翔平，大高範寛，大村圭一：鋼矢板水路の保全対策－ステンレス製軽量鋼矢板の開発－，鋼矢板水路の腐食実態と補修・補強対策，株式会社第一印刷所，（2017），pp.5-10.
18) 農林水産省：農業水利施設におけるストックマネジメントの取組について，（2018）.
19) （一社）鋼管杭・鋼矢板技術協会：鋼矢板 Q&A，（2017），pp.27-29.
20) 原田佳幸，阿部正美，福手勤，浜田秀則，是永正，江田和彦，岩倉肇，元木卓也，佐藤一昌：重防食鋼矢板における被覆材の接着耐久性に関する研究，（独）港湾空港技術研究所資料，No.984，（2001）.
21) 審良善和，山路徹，岩波光保，原田典佳，吉崎信樹，村瀬正次，斎藤勲，上村隆之，北村卓也：重防食被覆を適用したハット形鋼矢板の耐久性に関する研究，（独）港湾空港技術研究所資料，No.1230，（2011）.
22) 新日鉄住金（株）：NS-PAC® 鋼矢板カタログ.
23) 農林水産省：官民連携新技術研究開発事業，継続中の研究課題＜http://www.maff.go.jp/j/nousin/sekkei/kanmin/keizoku.html＞
24) 山本芳生，山本修司，宮田正史，竹信正寛：港湾施設の改良設計に係る課題・問題点の整理，

96　第3章　腐食鋼矢板水路の再生工法

（一財）沿岸技術研究センター論文集，No.16，（2016）．

25）濱地克也，三城健一，沖中宏志：老朽化した矢板式係船岸の更新事例，土木学会第 65 回年次学術講演会，（2010）．

26）（一社）鋼管杭・鋼矢板技術協会：鋼矢板設計から施工まで，（2007），pp.402.

第 3 章　腐食鋼矢板水路の再生工法

第4章　非破壊検査による腐食鋼矢板水路実態の同定

4.1　はじめに

　鋼矢板水路の腐食進行は，水位変動部において進行する．腐食実態の検出には一般的に可視画像や超音波板厚計による調査診断が多用されている[1-2)]．第4章では，非破壊検査手法を用いた鋼矢板の腐食実態の調査事例と補修後の欠損検出事例を紹介する．4.2では非破壊検査手法を概観する．4.3では既設鋼矢板水路から採取した軽量鋼矢板を対象に，超音波板厚計を用いた板厚減少に関する調査結果について詳説する．4.4では赤外線サーモグラフィ法による調査診断結果を示す．特に無人航空機（Unmanned Aerial Vehicle, UAV）による赤外線計測を用いて腐食部位の検出を試みた計測結果から，鋼矢板水路の腐食実態の検出と補修，補強，更新に関する技術的課題を明らかにする．4.5は以上のまとめとし，腐食鋼矢板水路の構造的特徴と非破壊検査の適用に関する技術的課題を詳説する．

4.2　鋼構造物を対象とした非破壊検査の種類と特徴

4.2.1　用語の定義

（1）非破壊試験と非破壊検査[3-5)]

　我々の身の回りには種々の構造材料が用いられている．これらの状態評価を試みる際に各種の非破壊試験が適用される．その際，「非破壊評価」や「非破壊試験」，「非破壊検査」など種々の記述が確認できる．（一社）日本非破壊検査協会では，これらの記述に明確な定義を与えている[5)]（表4.2.1）．

表4.2.1　非破壊検査用語の定義[5)]

用語（英略記）	意味
非破壊評価（NDE）	材料中の欠陥の有無や材料物性・構造検出などの評価．欠陥と強度の関係を定量的に理解するために用いられる．
非破壊試験（NDT）	欠陥検出手法を意味しており，物理的な原理に基づく各種の試験法である．
非破壊検査（NDI）	非破壊試験の結果と判定基準に基づく使用可能であるか否かの判断が行われる検査を意味している．

第4章　非破壊検査による腐食鋼矢板水路実態の同定　　99

　非破壊評価（Non-Destructive Evaluation, NDE）とは，試験対象物にきずをつけたり，破壊したりすることなしに，材料の内部および表面の欠陥の有無や材料物性・構造検出などの評価を行うことであり，欠陥と強度の関係を定量的に理解するために用いられる．このため試験対象の光，放射線，超音波，電気，磁気などに対する応答特性が材料内部の異常や欠陥の存在により変化することを原理として利用している．非破壊試験（Non-Destructive Testing, NDT）とは，欠陥検出手法を意味しており，物理的な原理に基づく各種の試験法である．それに対して非破壊検査（Non-Destructive Inspection, NDI）は，試験対象に対する非破壊試験の結果と，判定基準に基づく使用可能であるか否かの判断が行われる検査を意味している．

　農業農村工学分野において，非破壊評価や非破壊試験，非破壊検査など記述が統一されていないのが現状である．しかし，非破壊試験により検出した鋼矢板の腐食や断面欠損の状況を通して性能の判定（継続使用の可否）が行われていることから，本書では非破壊的な手法による鋼矢板材の状態検出を「非破壊検査」として表記し，記述を統一する．

(2) きずと欠陥 [6,7]

　鋼矢板など金属材料では，JIS Z 2300：2009 非破壊試験用語において「きず」や「欠陥」が定義されている．非破壊試験の結果から判定される不連続部分は「きず」として取り扱われる．規格や仕様書等の判定基準を超えて，製品検査等で不合格となる"きず"を「欠陥」と定義している．

　鋼矢板水路に用いられている軽量鋼矢板や普通鋼矢板は工場製品であるため製品検査に合格したものが施工される．その意味では，「きず」や「欠陥」の無いものが当初，現地に設置されることになる．供用後，設置環境や外的作用により，鋼材の腐食に伴う有効断面の減少が進行し，耐久性能の低下が確認される．

(3) 損傷と劣化 [3]

　損傷とは「使用環境によって，物理的性質に永久変化が起こって性質が低下すること」と定義されている [3]．換言すれば，「有効断面の減少に伴う力学性能の低下」と定義できる．劣化とは，損傷とは異なり「材料または製品が，応力，熱，光などの使用環境によって，次第に本来の機能に有害な変化を起こすこと」と定義されている．これも「材料の物理化学的変質に伴う性能低下」と定義できる．したがって，損傷と劣化の用語定義は異なるものであり，鋼矢板の腐食進行に伴う物理化学的な性能低下は，これら用語定義から劣化進行過程と考えることができる．

100　第 4 章　非破壊検査による腐食鋼矢板水路実態の同定

4.2.2　金属材料を対象とした非破壊試験

　金属材料を対象とした一般的な非破壊試験は，主に製品や材料のきずの有無，存在位置，大きさ，形状および分布などを検出する目的で行われる（表 4.2.2）．鋼矢板水路の非破壊試験による状態評価では，構造材料のきずの検出ではなく，板厚や腐食範囲，断面欠損の同定などマクロな計測・評価であるのが現状である．これは，設計コードによる現況施設の構造安全性を再評価するために，腐食実態ではなく鋼矢板断面の幾何学的現状を把握するために行われていることに起因している．金属材料の状態評価は，一般的に腐食速度の同定など防食対策を主目的に，より詳細な腐食現象解析が各種検査手法を用いて行われる（例えば文献 [8]）．農業用鋼矢板水路では，鋼矢板に腐食代を考慮することで既存施設の腐食を許容した構造設計となっている [9]．現状では，超音波板厚計により設計板厚からの減少量を現地で同定し，設計段階と腐食後の断面性能を比較することで既存施設の構造安全性が判断されている．土地改良事業計画設計基準及び運用・解説「水路工」（農林水産省農村振興局，平成 26 年 3 月）では，鋼矢板水路の構造設計において 2 mm の腐食代を考慮することにより実環境における腐食劣化を許容する構造

表 4.2.2　非破壊試験の種類と特徴 [4]

非破壊試験	概要
目視試験	試験面の色（変色，腐食など），形状，凸凹，付着物，割れなどの検出に肉眼または光学的補助具を用いて観察する．
放射線透過試験	X 線ないし γ 線装置を用いてきずを検出する．
超音波試験	試験体表面に探触子を設置して内部に超音波を伝搬させる．超音波（エコー）の特性によりきずの位置や大きさを判断する．
探傷試験	探傷試験は浸透探傷試験と渦流探傷試験に分類できる．浸透探傷試験は，試験体表面のきずに液体を浸透させ，きずの指示模様を検出するものである．渦流探傷試験は，電磁誘導現象を利用したきず検出法である．
ひずみ計測	ひずみゲージに代表される素子を用いて各種応力場における応力ひずみ挙動を検出する．非破壊・非接触による画像解析に基づくひずみ計測も近年普及している．
AE 試験	AE（Acoustic Emission）は，構造材に蓄えられたひずみエネルギの一部が解放（クラックの発生）された際に発生する超音波である．AE 法は，これらを受動的に検出する計測法である．
赤外線サーモグラフィ試験	試験体に加熱した場合に，きずの存在により表面に発生するエネルギ差を非破壊・非接触で検出し，温度分布として評価する試験法である．
耐圧試験	圧力機械等を対象に漏れ等が無く，構造的に圧力に耐えうるかを確認する試験である．
漏れ試験	きずまたは接続不良部からの漏れの有無を試験する方法．

第 4 章　非破壊検査による腐食鋼矢板水路実態の同定　　101

表 4.2.3　鋼矢板水路の非破壊評価

調査対象	主な調査方法	概要
腐食範囲	可視画像（表面状態）	断面欠損や極度な腐食進行，座屈破壊状況をデジタルカメラなどにより照査が可能である．可視画像の 3 次元化により調査対象のより精緻な評価が可能である．
	赤外線サーモグラフィ（表面状態，深さ方向情報）	可視画像では判読不可能な深さ方向の情報を熱伝導現象により評価可能である．
板厚	①超音波板厚計②赤外線サーモグラフィ	鋼矢板の板厚を超音波伝搬特性ないし熱伝導特性により特定する．
腐食電流	①腐食電位測定②分極抵抗法	①腐食している金属の電位（腐食電位）をエレクトロマイクロメーターと呼ばれる電子電圧計等で計測し，腐食性の予想を行う．腐食速度の定量的把握は不可能である．②鋼材の腐食速度と分極抵抗の逆数が比例関係にあることを利用し，分極抵抗から鋼材の腐食速度を推定するというものであり，腐食度の定量的評価が可能である．

設計思想が提示されている[9]．設計板厚に対する現況板厚が腐食代以上で板厚減少や腐食が極度に進行していた場合，既存施設の耐力を期待できないことから，補強ないし更新が選択される．補修が選択される場合は，残存板厚が設計板厚以上の場合である．第 3 章で解説した有機系被覆工法やパネル被覆工法は補修工法（一部，補強工法有り）であることから，既存施設の構造耐力の残存が前提となる．これら補修工法の長期耐久性には，既設鋼矢板表面における補修材との付着強度が影響することから，板厚のみではなく，より詳細な腐食実態の評価が必要である．鋼矢板水路の非破壊評価法の一例を表 4.2.3 に示す．

4.3　超音波板厚計を用いた腐食鋼矢板の板厚分布評価

　本節では，鋼矢板水路として供用されている既存施設の鋼矢板材に着目し，供用環境と板厚分布の関係から既存施設の実態を明らかにする．

4.3.1　調査対象と試験方法

　試験対象は，新潟市西蒲区に位置する 1982 年に供用開始（調査時点で 30 年経過）された猿ヶ瀬排水路である．図 4.3.1 に既設鋼矢板採取施設の概要，図 4.3.2 に既設鋼矢板の腐食状況を示す．水路構造は，幅 2.65 m，高さ 1.5 m で軽量鋼矢板（3D 型，矢板長 6

m，設計板厚 6 mm）を用いた根入れ深さ 4.5 m の自立式護岸形式である．水路諸元は，灌漑期の設計水深 0.6 m，水路勾配 1:3,000 および設計流量 2.831 m³/s である．この水路から既設鋼矢板を引抜き，根入れ部を含む鋼矢板の残存板厚分布を超音波板厚計により測定した．

4.3.2 試験結果・考察

調査結果を図 4.3.3 に示す．残存板厚は，超音波板厚計を用いて，対象施設の 2 測点（測点 1，測点 2）より採取した鋼矢板 2 枚 1 組の 112 点を測定した．横方向 8 列の残存板厚の平均値と縦方向の計測位置との関係から，鋼矢板の板厚は，根入れ部（土中部）

図 4.3.1　鋼矢板採取施設の概要

図 4.3.2　既設鋼矢板の腐食状況

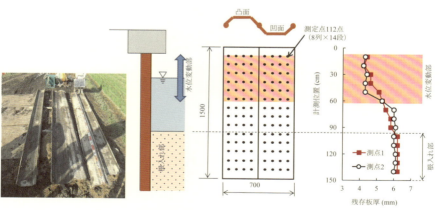

(a) 採取した鋼矢板　(b) 既設水路断面図　(c) 測定位置図　(d) 残存板厚測定結果

図 4.3.3　残存板厚測定位置および測定結果

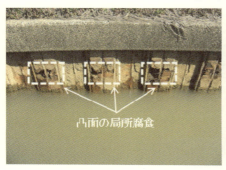 

図 4.3.4 鋼矢板凸面の腐食事例

ではほとんど板厚減少は見られず，水位変動部付近で局部的に進行していることが確認された．水位変動部付近の板厚の平均値は測点 1 で 4.7 mm（残存率 78 %），測点 2 で 4.5 mm（残存率 75 %）であることから，第 2 章図 2.3.3 で示す新潟県亀田郷地区での腐食調査事例とほぼ一致する傾向が確認された．また，水位変動部付近の凸面の平均値は測点 1 で 4.0 mm，測点 2 で 4.1 mm，凹面の平均値は測点 1 で 4.9 mm，測点 2 で 4.5 mm であったことから，図 4.3.4 で示す局部腐食の進行が凸面で大きくなる実態が明らかになった．

以上の結果から，鋼矢板の残存板厚を測定する際は，水位変動部付近の凸面に着目することで，腐食実態の傾向が把握できるものと考えられる．

4.3.3 鋼矢板の腐食機構を考慮した実態評価

腐食実態が明らかになったことから，その機構を踏まえて鋼矢板水路の保全対策を考察する．

一般的に水利施設に用いられている鋼材の腐食反応は，表面に拡散する酸素濃度に依存する[10]．河川環境においても塩水遡上が確認される場合，塩化物による促進腐食が確認されている（例えば文献[11-15]）．腐食反応は，鉄がイオン化する酸化反応（式 (4.1)：アノード反応）と，水中の酸素が還元されて，水酸化物イオンを生成する還元反応（式 (4.2)：カソード反応）に分けられ，アノード反応とカソード反応が同時におこる電気化学反応として図 4.3.5 の模式図によって表される[16]．

$$Fe \rightarrow Fe^{2+} + 2e^- \tag{4.1}$$

$$H_2O + 1/2O_2 + 2e^- \rightarrow 2OH^- \tag{4.2}$$

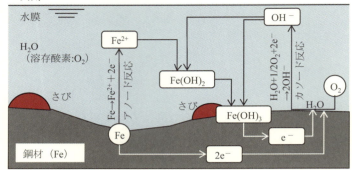

図 4.3.5　腐食機構の模式図 [16]

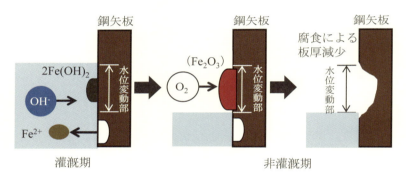

図 4.3.6　鋼矢板水路の水位変動部における腐食機構

　農業水利施設における鋼矢板水路では，水位変動部において図 4.3.6 に示す腐食機構により断面を減少させる．灌漑期では水中に鉄イオン(Fe^{2+})が溶け出し，水酸化物イオン(OH^-)と反応し，腐食生成物である水酸化鉄(II)($Fe(OH)_2$)が生成される(式(4.3))．一方，非灌漑期では気中部となるため生成された水酸化鉄(II)が気中の酸素(O_2)と反応し，赤さびである水酸化鉄(III)($Fe(OH)_3$)となる．実際に目にする赤さびは，水を含んだ水和酸化鉄(Fe_2O_3)である．鋼矢板水路における鋼材腐食は，このような農業的水利用に起因する特徴的な腐食機構により，水位変動部において局部腐食が発生する [17]．

$$Fe + H_2O + 1/2O_2 \rightarrow Fe(OH)_2 \tag{4.3}$$

　鋼材は単一の腐食環境（例えば水溶液中）では，表面に微視的な局部電池を形成して

腐食する．このとき，局部電池の微小なアノードとカソードは腐食反応の進行に伴って
その位置を変えるため，鋼材表面は一様に腐食する全面腐食となる [18]．水溶液中の腐食
速度は，溶存酸素の拡散速度に依存するため，経時的に減少していく．このような腐食
機構は，ミクロセル腐食と呼ばれ腐食速度は緩慢である．これに対して，鋼矢板に代表
される長尺な鋼材が異種環境にまたがって存在する場合には，環境差による腐食が発生
する．このような腐食はマクロセル腐食と呼ばれ，腐食速度が極めて大きい [19-20]．マク
ロセル腐食により，微小面積のアノードと広い面積のカソードが乖離して固定化される
ことによってアノード部に電流が集中し浸食が深く進展する．したがって，マクロセル
腐食により，鋼材の板厚は全体的には減少しないが，1か所あるいは複数個所で著しく
板厚が減少し，最終的には断面欠損を生じさせる局部腐食が発生する [21-22]．局部腐食は，
腐食速度が大きいため，鋼矢板水路の維持管理上，最も注意が必要な腐食の形態である
ものと推察される．

4.4　赤外線計測による腐食鋼矢板の実態評価

　水路構造物における腐食機構とその実態を詳説したことから，4.4 では非破壊・非接
触計測に基づく鋼矢板腐食の同定を試みた事例を詳説する．

4.4.1 赤外線画像の計測原理と数値解析

（1）赤外線画像の計測原理 [23, 24]

　鋼矢板水路の腐食実態の概定には赤外線サーモグラフィ法が有用である．その背景に
は，非破壊かつ非接触により板厚方向の情報を得ることが可能である点にある．一般的
に伝熱現象は，伝導，対流，放射の三形態が基本である．赤外線サーモグラフィ法によ
る温度分布の検出原理は，放射が関係しており，物体の放つ赤外線放射エネルギを測定
することで，物体の温度分布を評価するものである．物体の温度変化は，赤外線の吸収
と放射が関係しており，全ての赤外線を吸収する物体は黒体と呼ばれ，同じ温度の物体
と比較した場合，放射する赤外線放射エネルギが最も高くなる．ある物体の赤外線放射
エネルギ E と，その物体と同一温度である黒体の赤外線放射エネルギ E_b との比は放射
率と呼ばれ，記号 ε で表わされる（式（4.4））．

$$\varepsilon = \frac{E}{E_b} \tag{4.4}$$

一般的に，放射率は，材質，温度，表面粗さ，表面汚れにより異なるため，放射を利用した温度測定では注意が必要である．単位面積で単位時間あたりに放射する全ての放射エネルギは，全放射能と呼ばれ，黒体の全放射能 E_b は次式のように表される（式(4.5)）．この関係は，放射による伝熱では，最も重要でかつ基本的な関係である．

$$E_b = \sigma T^4 \tag{4.5}$$

ここで，

σ：ステファン・ボルツマン定数

T：絶対温度

赤外線サーモグラフィ法により変状部を可視化する計測原理は，対象構造物が放射している赤外線放射エネルギを計測し，表面温度分布の異常部から変状部を抽出するものである[25]．赤外線サーモグラフィ法による計測は，(1) 被測定物に熱移動が生じている時の欠陥による断熱温度場を検出する方法，(2) 欠陥部位における自己発熱（吸熱）による温度場を検出する方法，(3) 空洞放射効果による見かけの温度変化部位を検出する手法の 3 種類に大別される．本書の対象である鋼矢板の腐食が進行した水路では，図 4.4.1 に示すように腐食生成物が生成され，健全な鋼矢板と比較して熱伝導率は小さく，比熱は大きくなる．一方，補修後の被覆材表層部にはく離，内部空洞が存在する部分は，図 4.4.2 に示すように健全部とは異なる温度分布となる．これにより，気温や太陽光による輻射熱の変化などに起因して表面温度差となって顕在化する[26]．

(2) 空間統計手法を用いた熱特性評価

鋼矢板水路の腐食は鋼材表面に不均一に進行する．加えて，環境ノイズの影響により

図 4.4.1　鋼矢板水路の腐食と腐食生成物

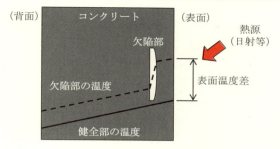

図 4.4.2　内部空隙検出の原理図 [26]

赤外線画像の検出精度が影響を受ける．筆者らは，空間統計手法の中でもクリギング法 [27] を用いた特性評価 [28] やノイズ除去 [29] を試みている．本書では，クリギング法による腐食鋼矢板の特性評価事例を詳説する．

鋼矢板の腐食は，水位変動部で局所的に進行するため，平均的な腐食部位と極度に腐食した部位が空間的に分布している．セミバリオグラムの特徴は，計測データの空間依存性を評価できることにある．このことから，赤外線サーモグラフィ法により検出された平均的な物性値（温度分布）に加えて，局所的なばらつきを含む物性値の空間的分布特性を評価できる．一般的に，変状部などのばらつきを含む計測値は，「計測値全体としての散らばり」と「計測値の空間的分布」の 2 つの側面を持つ．前者は，推計統計学と度数分布により評価される．後者は，セミバリオグラム解析などを用いて空間的相関構造が評価される．その際，物性値の空間構造を評価することが必要であり，セミバリオグラムを評価指標として用いることは有効な手法であると考えられる．

空間統計学では，データを確率場における実現値と見なし，領域 D 上の標本場 $Z(x)$ を考える．計測位置 $x_1, x_2, \cdots, x_n$ における確率変数 $Z(x_1), \cdots, Z(x_n)$ を計測データとした場合，本手法を適用するには，以下の式（4.6），式（4.7）に示す仮定が成立する必要がある．式（4.6）では，対象とする領域で変数の期待値が一定である．式（4.7）では，ベクトル h だけ離れた 2 点間における変数値の差の期待値は有限であり，h のみの関数である．

$$E[Z(x)] = \mu \tag{4.6}$$

ここで，
　　E：期待値

108　第 4 章　非破壊検査による腐食鋼矢板水路実態の同定

μ：平均値

$$E[\{Z(x) - Z(x + h)^2\}] = 2\gamma(h) < \infty \tag{4.7}$$

2γ がバリオグラム（variogram）であり，γ がセミバリオグラムである．セミバリオグラムを用いた空間分布特性評価は，主に資源工学分野において進められてきたが，近年では環境科学などにおいても応用研究が取り組まれており，時間・空間的に変動する物理量を定量的に評価する手法として用いられている．

　空間統計学において物理量の空間依存性に関する解析には，一般的にセミバリオグラムが用いられる．モデルの概要を図 4.4.3 に示す．本モデルは，横軸にサンプリング間隔であるラグ（lag, h），縦軸にセミバリアンス（semi-variance, $\gamma(h)$）をとり，その関係を評価するものである．ラグ h のセミバリアンス $\gamma(h)$ は，距離 h だけ離れた全ての組み合わせ $N(h)$ の評価値間のばらつきの程度を表す（式（4.8））．

$$\gamma(h) = \frac{1}{2N(h)} \sum_{i=1}^{N(h)} [Z(x_i) - Z(x_i + h)]^2 \tag{4.8}$$

直線上を等間隔に n 点計測を行い，地点 x_i, x_i+h での計測値がそれぞれ $Z(x_i)$, $Z(x_i+h)$ である場合は，式（4.9）が得られる．

$$\gamma(h) = \frac{1}{2(n - h)} \sum_{i=1}^{n-h} [Z(x_i) - Z(x_i + h)]^2 \tag{4.9}$$

　本研究対象である腐食鋼矢板や有機系被覆工法を施した複合材では，局所的な損傷が無い限り，空間的に連続して物性値が分布すると考えられる．その際，セミバリオグラムは連続し，図 4.4.3 の形状となる．セミバリアンスは，ラグの増加に伴い上昇し，ある特定の距離で最大値に達する場合が多い．この最大値はシル（sill）と定義され，データの内在的なばらつきを示している．シルに達する時のラグはレンジ（range）と定義されている．レンジは，空間依存性の限界を示している．換言すると，データの内挿が可能な範囲を示すものである．ラグ 0 におけるセミバリアンスは，ナゲット効果（nugget effect）と定義され，実験誤差などの偶然のばらつきを示している．ナゲット効果は，非常に近い計測点において計測されたデータの一定のばらつきを示しており，局所的な損

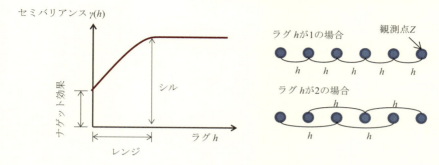

図 4.4.3　セミバリオグラムモデル

傷が大きい場合ナゲット効果は増加するものと考えられる．

　各パラメータは，ラグとセミバリアンスの関係から最小二乗法による回帰分析により解析的に評価される．一般的には，球形モデル，指数モデルおよびガウス型モデルなどが用いられている．本研究では，最も実測値との適合性が良好であり，既往研究で解析実績を有する球形モデルを用いて解析を行った．球形モデルを式 (4.10)，式 (4.11) に示す．

$$\gamma(h) = C_0 + C\left[\frac{3}{2}\frac{h}{a} - \frac{1}{2}\left(\frac{h}{a}\right)^3\right] \quad (0 < h \leq a) \tag{4.10}$$

$$\gamma(h) = C_0 + C \quad (h > a) \tag{4.11}$$

ここで，

　　C_0：ナゲット効果

　　C_0+C：シル

　　a：レンジ

4.4.2　既存鋼矢板水路での腐食実態の把握 [30, 31]

(1) 計測施設の概要

　実験施設の概要を図 4.4.4 に示す．施設は，新潟市西蒲区に位置する 1977 年に供用開始（調査時点で 37 年経過）された橋本排水路である．切梁式の農業用排水路で，水路幅は 2.0 m，水路渠底から笠コンクリート下端までの水路高は 1.9 m である．腐食の進行に伴い局所的に断面の減少や欠損が顕在化していることが確認された．図 4.4.5 に示

すように対象施設において比較的腐食していない範囲（以後，「一般部」と記す）と，特に腐食が進行している範囲（以後，「腐食部」と記す）とを選定し，超音波板厚計を用いて既設鋼矢板の残存板厚を測定した．板厚測定位置は，図4.4.6に示すようにそれぞれの範囲において，高さ方向にA部，B部およびC部に分類して

図4.4.4　実験施設の概要

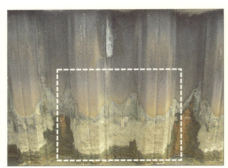
（a）一般部

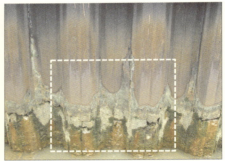
（b）腐食部

図4.4.5　施設の腐食状況

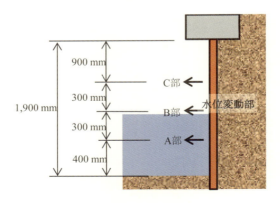

図4.4.6　鋼矢板残存板厚測定位置

第 4 章 非破壊検査による腐食鋼矢板水路実態の同定 111

表 4.4.1 鋼矢板残存板厚測定結果

測定箇所	測定項目	A 部	B 部 (水位変動部)	C 部
一般部	板厚 (mm)	5.2	4.3	5.2
		5.1	4.7	5.0
		5.1	4.4	5.0
	平均値	5.1	4.5	5.1
	残存率	85.6 %	74.4 %	84.4 %
腐食部	板厚 (mm)	4.6	3.2	4.3
		4.9	3.3	4.7
		4.8	3.3	4.1
	平均値	4.8	3.3	4.4
	残存率	79.4 %	54.4 %	72.8 %

表 4.4.2 赤外線サーモグラフィ仕様

型番	R300SR (日本アビオニクス社製)
測定範囲	-40 ℃〜500 ℃
最小温度分解能	0.03 ℃〜0.3 ℃
センサ	2 次元非冷却マイクロボロメータ
センサ解像度	横 320×縦 240
測定波長	8〜14 μm
データ深度	14 bit
フレームタイム	60 Hz

実施した. 板厚測定結果を表 4.4.1 に示す.

　測定の結果，設計板厚 6 mm に対して，一般部では平均板厚 4.5〜5.1 mm，残存率は74.4〜85.6 ％であった. これに対して，腐食部では平均板厚 3.3〜4.8 mm，残存率は 54.4〜79.4 ％であった. 腐食に伴う板厚減少は，河床から 700 mm の高さに位置する水位変動部付近の B 部で卓越しており，最少板厚で 3.2 mm の結果を得た. 以上の結果から，本施設における鋼矢板の腐食状態は，既往の研究[1]と同様に，水位変動部付近において，局所的に板厚減少が顕在化していることが確認された.

（2）実験・解析方法

　本研究では，腐食した鋼矢板表面を対象として，太陽光を熱源とした自然状態での加熱により熱画像を取得するパッシブ法を用いて熱画像を計測した. 使用した赤外線サーモグラフィの仕様を表4.4.2に示す. セミバリオグラムモデルを用いた空間構造評価は，

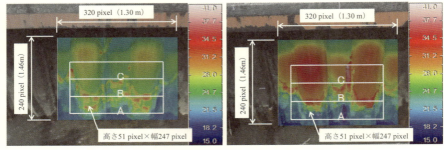

図 4.4.7　解析範囲の合成画像（熱画像＋可視画像）

図 4.4.7 に示すように一般部と腐食部とを選定し，両者の比較により行った．腐食部の現地計測は，2014 年 4 月 17 日の 5:30〜14:00 までの時系列変化を定点計測した．また，一般部の現地計測は，2014 年 4 月 20 日の 5:30〜14:00 までとした．計測時の環境条件は，計測対象近傍で温湿度ロガーにより測定した．熱画像計測時の環境条件を図 4.4.8 に示す．計測期間中の平均値は，4 月 17 日が気温 13.1 ℃（最大：17.7 ℃，最小：6.9 ℃），湿度 60.5 ％（最大：82.3 %，最小：41.4 ％），水温 11.7 ℃（最大：13.8 ℃，最小：10.6 ℃）であり，4 月 20 日が気温 10.5 ℃（最大：15.3 ℃，最小：4.8 ℃），湿度 66.8 ％（最大：89.6 %，最小：53.6 ％），水温 11.4 ℃（最大：13.3 ℃，最小：10.1 ℃）である．熱画像データの計測は，30 分に 1 枚の間隔で行った．赤外線サーモグラフィは，鋼矢板表面から 2.3 m 離れた地点に設置し，北面に位置する高さ 240 pixel × 幅 320 pixel（高さ 1.46 m，幅 1.30 m）の範囲で計測した．計測した熱画像データを，鋼矢板の残存率により A 部，B 部および C 部に分類し（残存率：A 部＞C 部＞B 部），それぞれ高さ 51 pixel×幅 247 pixel（高さ 0.30 m，幅 1.0 m）の範囲で表面温度を検討した．

(3) **鋼矢板表面の熱特性**

　検討の結果，鋼矢板表面の熱特性は，鋼矢板の残存率により異なる傾向が確認された．図 4.4.9 に 13:00 における鋼矢板表面の熱特性を示す．検討の結果，腐食部の表面温度の範囲は 24.3 ℃（最大：40.4 ℃，最小：16.1 ℃）であった．一方，一般部の表面温度の範囲は，範囲 13.7 ℃（最大：33.0 ℃，最小：19.3 ℃）であった．腐食部では，特に鋼矢板の残存率が低い B 部，C 部において表面温度が高くなる傾向が見られた．これら鋼矢板表面の熱特性の違いは，既往の研究[30]からも明らかなように熱容量の相違に起

第4章　非破壊検査による腐食鋼矢板水路実態の同定　113

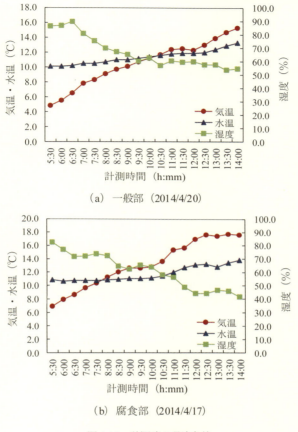

(a) 一般部（2014/4/20）

(b) 腐食部（2014/4/17）

図 4.4.8　計測時の環境条件

因しているものと考えられる．一般的に，鋼矢板の腐食が進行した腐食部は，腐食生成物の生成に伴い空隙量が増加し，熱容量の低下により温度変化が拡大する傾向にある．このため，気温や太陽光による輻射熱の変化などに起因して表面温度差となり，一般部と異なる熱特性を顕在化させたものと考えられる．

(4) **熱画像データのセミバリオグラムモデル特性**
　物性値の空間分布特性を定量評価するため，セミバリオグラムモデルを用いて検討を試みた．本モデルにより，異常点（本検討では腐食が進行した部分）の空間位置をラグ h とセミバリアンス $\gamma(h)$ の関係を用いて評価し，その特性からデータの空間構造を検討

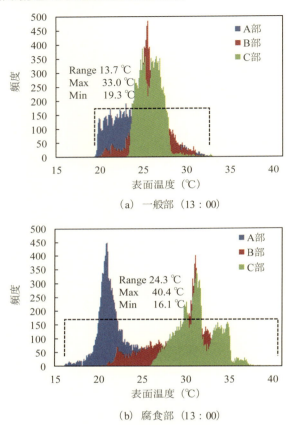

図 4.4.9　鋼矢板表面の熱特性（13:00）

した．

　検討の結果，各ケースともセミバリアンスは，ラグの増加に伴い，分布範囲が拡大することが確認された．13:00 におけるセミバリオグラムモデルを図 4.4.10 に示す．この指標は，特定距離（例えばラグ h = 40 cm など）における評価値間のばらつきの程度を表す指標である．つまりセミバリアンスが大きいほど計測値のばらつきも拡大することになる．A 部，B 部および C 部のいずれのケースも腐食部におけるセミバリアンスの範囲が一般部と比較して大きいことが確認された．腐食部では，明確なレンジに基づくセミバリオグラムが確認された．また，最も腐食が進行している水位変動部付近の B 部に

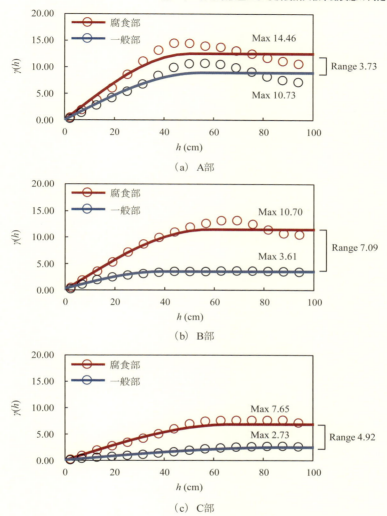

図 4.4.10　セミバリオグラムモデル（13:00）

おいて，腐食部と一般部のセミバリアンスの最大値の差は 7.09 であることが確認され，腐食に伴う局所的な高温部の影響により熱特性が変質し，物性値間の空間的連続性が低下することが推察された．これに対して，A 部における腐食部と一般部のセミバリアン

スの最大値の差は 3.73，C 部における差は 4.92 であることが確認され，残存率の低い水位変動部の B 部と比較して，その差は小さくなることが確認された．このことから，腐食状態はセミバリオグラムにより簡易かつ定量的に評価できるものと推察され，熱画像データを用いたセミバリオグラムモデルにより鋼矢板の定量的な腐食度評価が可能になるものと考えられる．セミバリアンスを評価指標として用いる場合，特に局所的に板厚減少が顕在化する水位変動部（本書では B 部）におけるラグとセミバリアンスの関係により評価する手法が適切であると考えられる．今後の課題は，防食対策の必要性の有無を判断する指標として，セミバリアンスの閾値の設定である．一般的には，腐食部のセミバリアンスは一般部と比較して大きくなることから，例えば両部位におけるセミバリアンスの最大値の差を求め，一定の閾値を超えた場合に超音波板厚計による残存板厚調査を併用することで防食対策の必要性の有無を判断することが可能になるものと考えられる．

4.4.3　UAV を用いた非破壊・非接触赤外線計測

（1）計測対象

　実証的検討は亀田郷土地改良区（新潟市）により管理されている山崎排水路を対象に実施した．計測施設は，鋼矢板材の腐食が進行した区間と各種補修工法により鋼矢板表面が被覆された区間の約 150 m である．計測区間の概要を図 4.4.11（a）に示す．計測施設は施工後およそ 45 年が経過している．切梁式の鋼矢板水路であり，水路幅は 6.4 m，水路渠底から笠コンクリート天端までの水路高は 2.6 m である．既設鋼矢板断面の設計板厚は 6 mm である．計測区間では，極度に腐食劣化が進行した部位（図 4.4.11（b））や補修後再劣化が顕在化した部位（図 4.4.11（c））が確認されている．

　UAV による可視画像と熱画像の計測は，使用機体 Matrice100（DJI 社製），使用カメラ Zenmuse_Z3（可視画像，DJI 社製）と Zenmuse_XT（赤外線画像，DJI 社製）を使用した．鋼矢板水路の倒伏を含めた状態を可視画像の自動計測（ラップ率 90 %）による施設上空 20 m 地点より取得した．赤外線画像は，計測対象対岸より笠コンクリートから約 1 m 付近で UAV の水平移動により取得した．取得した赤外線画像の一例を図 4.4.12 に示す．計測対象より約 5 m 斜め上方より移動計測により画像を取得したことから一般的な静置状態での計測と比較して取得画像には各種ポスト処理による検討が必要であることが明らかになった（図 4.4.12）．

　そこで本計測では，4.4.2 において検討したクリギング法を赤外線画像に施し，その有

第4章　非破壊検査による腐食鋼矢板水路実態の同定　117

(a) 計測対象施設

(b) 腐食が進行した鋼矢板区間

(c) パネル被覆工法による施工例（ひび割れ発生区間）

図 4.4.11　計測施設概要

用性と技術課題を明らかにした．解析フローを図 4.4.13 に示す．解析画像は解像度 640 pixel × 512 pixel，解析範囲幅 24 pixel × 高さ 81 pixel である．クリギング処理は，セミバリオグラムを球形モデル，指数モデルおよびガウスモデルで作成し，実測値と解析値の最も一致性の高い球形モデルにより赤外線画像の再構成を試みた．検討結果は実測値とクリギング処理後の推定値との比較により評価精度を検討した．

(2) 解析結果

解析に用いる赤外線画像は図 4.4.14 に示す可視画像の点線範囲を対象とした．図 4.4.15 に全体の赤外線画像を示し，図 4.4.16 に検討結果を示す．その結果，UAV を援用

118　第4章　非破壊検査による腐食鋼矢板水路実態の同定

(a) 腐食が進行した鋼矢板区間

(b) パネル被覆工法による施工区間

図 4.4.12　計測した赤外線画像の一例

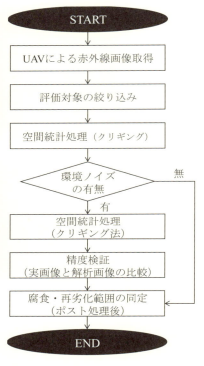

図 4.4.13　取得赤外線画像のポスト処理フロー

図 4.4.14　赤外線画像解析に使用した範囲

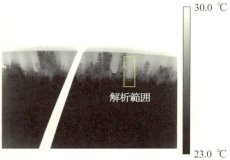

図 4.4.15　赤外線画像（実測データ）

第 4 章　非破壊検査による腐食鋼矢板水路実態の同定　　119

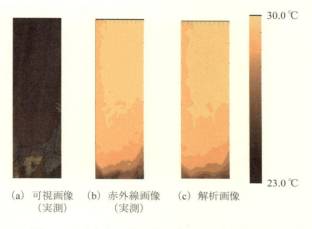

(a) 可視画像　　(b) 赤外線画像　　(c) 解析画像
　　（実測）　　　　（実測）

図 4.4.16　クリギング処理結果（図 4.4.14 解析範囲）

した赤外線計測によって実用上十分な精度で鋼矢板表面性状を検出可能であることが明らかになった（図 4.4.16）．その際，植生の繁茂と断面欠損位置がおおよそ一致することから，植生指標による断面欠損位置での解析範囲の設定が可能になるものと推察される．鋼矢板水路では，環境ノイズ源として植生や構造物の陰影，背面からの漏水などが考えられるが，それらは特有の熱特性を有している．筆者らは，クリギング処理により環境ノイズ除去後の赤外線画像の再構成を試みている[32]．本手法は，前述のセミバリオグラムにおいて解析対象のばらつきの程度を評価し，セミバリオグラムを踏まえてクリギング処理として行うことにより欠損データ（本検討では環境ノイズ部位を除去したデータ）を空間補完する解析手法である．セミバリオグラムを評価した後に，図 4.4.17 を用いたクリギング処理により図 4.4.16（b）に示す赤外線画像データを 50 % 削除したもので検討を試みた．クリギング処理は空間的に連続で広がる対象の任意に設けた複数の観測点での既知データを用い未知データの予測補完を行う手法である[33]．検討結果を図 4.4.18 に示す．クリギング処理により推定した評価値と実測値との良好な関係が確認された．これらのことから，環境ノイズ条件での赤外線画像を用いて鋼矢板の腐食実態の同定には，クリギング処理に代表される空間統計学手法を用いたノイズ処理は有用であり，UAV による自動計測と組み合わせることで非破壊・非接触での実態評価が可能になるものと推察される．本項では UAV を援用し，可視画像と赤外線画像の取得による

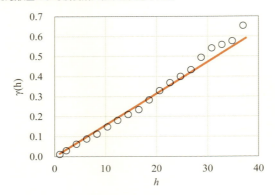

図 4.4.17　解析画像のセミバリオグラム（球形モデル）

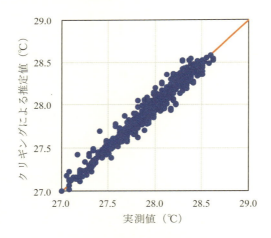

図 4.4.18　実測値と解析値の比較

　鋼矢板の腐食実態の非破壊・非接触計測を試みた結果，赤外線画像の空間統計処理の有用性とともに，赤外線画像による鋼矢板腐食実態の定量評価の可能性が明らかになった．今後，UAV 搭載の計測装置の改良を進めることにより画像解析精度の改善も可能であると推察される．加えて，近年普及している画像データの 3 次元化に赤外線データを加えることにより，深さ方向の材料評価が可能になるものと推察される．評価フローの一例を図 4.4.19 に示す．

第4章　非破壊検査による腐食鋼矢板水路実態の同定　　121

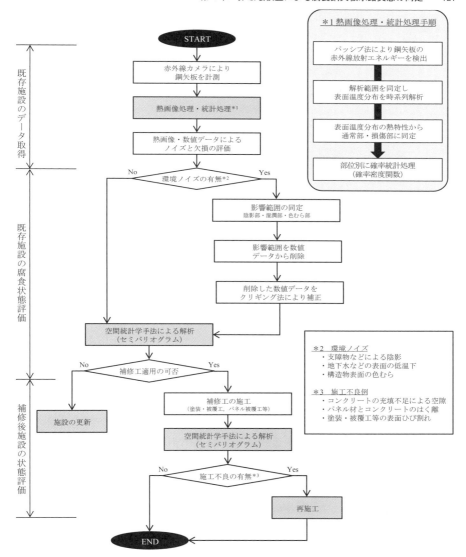

図 4.4.19　赤外線計測を援用した鋼矢板水路実態評価フロー
文献 34) を一部改編.

参考文献

1) 鈴木哲也，森井俊広，原斉，羽田卓也：地域資産の有効活用に資する鋼矢板リサイクル工法の開発，農業農村工学会誌，80（10），（2012），pp.21-24.

2) 鈴木哲也：鋼矢板排水路の腐食実態とコンクリート被覆による保全対策に関する研究，土木構造・材料論文集，29，（2013），pp.75-82.

3) （一社）日本非破壊検査協会：非破壊試験用語辞典，（1990）.

4) （一社）日本非破壊検査協会：非破壊試験技術総論，（2004），pp.1-22.

5) （一社）日本非破壊検査協会：非破壊評価工学，（1998），pp.1-24.

6) JIS Z 2300：2009 非破壊試験用語，（2009）.

7) JIS Z 0103：1996 防せい防食用語，（1996）.

8) 柴田俊夫：腐食測定法の現状と将来，表面技術，（1994），pp.968-972.

9) 農林水産省農村振興局：土地改良事業計画設計基準及び運用・解説 設計「水路工」，（2014），pp.473-474.

10) 松下巌：自然環境における腐食，金属表面技術，31（7），（1980），pp.383-392.

11) 善一生，阿部正美：港湾鋼構造物の腐食調査，港湾技研資料，413，（1982），pp.17-26.

12) 阿部正美，横井聰之，大即信明，山本邦夫：港湾鋼構造物の腐食調査，港湾技研資料，601，（1987），pp.4-11.

13) 溝口茂，山本一雄，杉野和男，沢井章：半世紀経過した護岸用鋼矢板の腐食挙動，防食技術，36，（1987），pp.148-156.

14) 横井聰之，阿部正美：港湾構造物の腐食の実態について，土木学会論文集，403-VI（10），（1989），pp.85-92.

15) 守屋進：河川護岸用鋼矢板の全国腐食調査，第22回鉄鋼塗装技術検討会発表予稿集，（1999），pp.89-94.

16) （一社）鋼管杭・鋼矢板技術協会：防食ハンドブック-設計・施工・維持管理−，（2011），pp.2_1-2_39.

17) 佐藤嘉康，萩原太郎，小林秀一，鈴木哲也：鋼矢板水路の腐食特性を考慮した保護対策の実証的研究，農業農村工学会誌，82（12），（2014），pp.963-966.

18) 板垣昌幸，高橋歩，四反田功，渡邉邦洋，平崎敏史，梅村文夫：動電位分極曲線の測定と定電流保持を組み合わせた淡水中における炭素鋼の腐食診断法，材料と環境，58（8），（2009），pp.308-313.

19) （公社）土木学会：腐食した鋼構造物の性能回復事例と性能回復設計法，（2014），pp.20-24.

20) 貝沼重信，細見直史，金仁泰，伊藤義人：鋼構造部材のコンクリート境界部における経時的な腐食挙動に関する研究，土木学会論文集，780（I-70），（2005），pp.97-114.

21) （公社）土木学会：腐食した鋼構造物の耐久性照査マニュアル，（2010），pp.2_2-2_5.

22) Melchers, R. E.: Pitting Corrosion of Mild Steel in Marine Immersion Environment -Part 1: Maximum Pit Depth, Corrosion (NACE International), 60(9), (2004), pp.824-836.

23) （一社）日本非破壊検査協会：赤外線サーモグラフィ試験I 2011，（2011）.

24) （一社）日本非破壊検査協会：赤外線サーモグラフィ試験II 2012，（2012）.

25) （一社）日本非破壊検査協会：赤外線サーモグラフィ試験II 2012，（2012），pp.85-97.

26) （一社）日本非破壊検査協会：赤外線サーモグラフィ法による建築・土木構造物表層部の変状評価のための試験方法，（2009），pp.7-13.

27) Mark R. T. D.: Spatial Pattern Analysis, Cambridge University Press, (1998).

28) 鈴木哲也，青木正雄，大津政康：バリオグラムによる表面被覆工を施したコンクリートの熱特性評価，コンクリート工学年次論文集，Vol.30，No.2，（2008），pp.763-768.

29) 鈴木哲也：Kriging 処理を施した赤外線画像によるコンクリート欠損検出，土木構造・材料論文集，Vol.26，（2010），pp.112-117.

第 4 章　非破壊検査による腐食鋼矢板水路実態の同定　　123

30）鈴木哲也：農業水利施設の水理・水利用実態に起因する鋼矢板材の腐食とその補修・補強対策，農業農村工学会材料施工研究部会第 53 回シンポジウム講演要旨集，（2016），pp.23-29.

31）小林秀一，鈴木哲也，森井俊広：熱画像データの空間統計処理に基づく鋼矢板水路の腐食実態評価，土木学会論文集 F6（安全問題），70（2），（2014），pp.I 137-I 142.

32）高橋航，鈴木哲也：赤外線画像の空間統計処理を用いた鋼矢板－コンクリート複合材内部欠損の検出，第 20 回土木学会応用力学シンポジウム要旨集，（2017）.

33）間瀬茂，武田純：空間データモデリング-空間統計学の応用，（2010）pp.112-117.

34）小林秀一：コンクリート被覆を用いた腐食鋼矢板水路の保護工法の開発に関する研究，新潟大学大学院自然科学研究科博士（農学）請求論文，（2016）.

第5章　鋼矢板水路の長寿命化における材料および設計の留意点

5.1　はじめに

　第5章では，既設鋼矢板水路の性能評価と対策実施後の性能評価について述べる．5.2では新設時の自立式護岸の設計手法をまとめる．5.3では板厚が減少し，断面欠損（局所的な板厚減少および開孔を断面欠損と呼ぶ）が生じた既設鋼矢板の性能照査について述べる．5.4では補修対策後の期待耐用年数期間における鋼矢板の性能照査について述べる．5.5では自立式護岸のモデル鋼矢板を用いて新設時の設計，既設鋼矢板および補修後の性能評価の試算例を示す．5.6では，将来的な鋼矢板の耐久設計の確立に向けて，鋼板溶接した鋼矢板－コンクリートの複合断面の実験およびその解析事例を示す．なお，5.6は他節と使用する記号が異なるので注意されたい．5.7では，補遺として5.1～5.6で述べることができなかった設計の留意点についてまとめる．

5.2　自立式護岸の設計概要

　既設鋼矢板水路の性能評価は新設時の鋼矢板水路の設計手法を基本とする．そこで，最初に自立式護岸を例に新設時の鋼矢板水路の設計手法を説明する．なお，説明は既設鋼矢板の性能評価に必要な事項に限定した．新設時の設計手法の詳細は，「土地改良設計基準水路工」[1]，「新版軽量鋼矢板設計施工マニュアル」[2]，「鋼矢板 Q&A」[3] 等を参照にされたい．

5.2.1　自立式護岸

　自立式護岸とは，鋼矢板の下部を地中に打ち込み横支材を設けない形式の鋼矢板水路である．土圧等の横荷重を根入れ地盤の横支持力と鋼矢板の曲げ剛性によって支える．自立式護岸の詳細は1.6.1を参照されたい．

5.2.2　設計上の前提条件

　ここでは，「土地改良設計基準水路工」[1] に基づき，自立式護岸の設計上の前提条件について述べる．鋼矢板は図 5.2.1 に示す土圧および地盤反力を受ける弾性支床上の梁と仮定する．鋼矢板背面に働く主働土圧と地下水圧との和が受働土圧と等しくなる位置を仮想地盤面と定義する．仮想地盤面以深では鋼矢板に地盤バネが作用する．仮想地盤

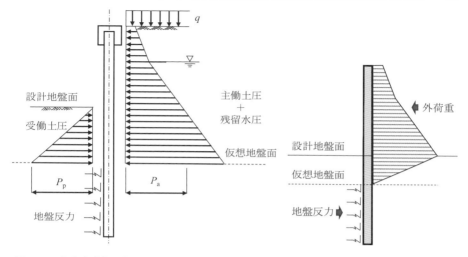

図 5.2.1　自立式護岸に作用する土圧および地盤反力の仮定　　図 5.2.2　鋼矢板水路の梁モデル

面より上には主働土圧と残留水圧の和と受働土圧の差が梁に作用する．

　以上の仮定が成り立つとすれば，図 5.2.1 のような土圧および地盤反力が作用する鋼矢板は，弾性地盤内で図 5.2.2 に示す土圧が作用する梁部材としてモデル化される．自立式護岸の設計では，鋼矢板に発生する曲げ応力度および頭部の変位量を図 5.2.2 に示す力学的モデルから計算する．本節では，「土地改良設計基準水路工」[1] で用いられている Chang の方法について述べる．

　Chang の方法では，仮想地盤面より上の梁に図 5.2.3（a）に示す分布荷重（土圧，水圧，上載荷重：梁の分布荷重となる）が作用すると仮定する．分布荷重を三角形分布に分割し，三角形分布の総荷重が重心位置に作用すると仮定し，仮想地盤面より上の梁に作用する分布荷重と等価となる全水平力 S_0 および全モーメント M_0 を求める．すなわち，仮想地盤面より上部の梁を剛体と仮定して，上部に作用する S_0 と M_0 を求める．この場合，鋼矢板は図 5.2.3（b）に示す地上部に h_0 突出した杭の頭部に全水平力 S_0 が作用する梁モデルと等価になる．仮想地盤面より下の梁は地盤バネ[3]から梁の変位に比例する地盤反力が作用する．このような弾性地盤内の梁の支配方程式は鋼矢板の地中部分が非常に長い条件下で解を持ち，たわみと曲げモーメントの分布の概要は図 5.2.3（c）で表される[4]．また，最大曲げモーメント M_{max} は仮想地盤面のすぐ下で発生する．

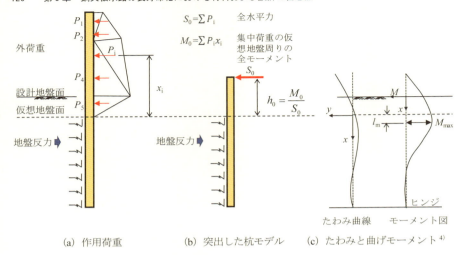

図 5.2.3　鋼矢板水路の解析手法（Chang の方法）

5.2.3　計算手順

図 1.6.2 および「土地改良設計基準水路工」[1] の自立式護岸の設計手順を簡素化したフローチャートを図 5.2.4 に示す．この図に基づき，自立式護岸の設計について述べる．

5.2.4　荷重条件

自立式護岸に作用する荷重については，「土地改良設計基準水路工」[1] に従うものとする．必要に応じて設計基準を参照されたい．

5.2.5　仮想地盤面の位置計算 [1,2]

図 5.2.1 に示すように鋼矢板前面の受働土圧が鋼矢板背面の主働土圧および地下水圧の和と等しくなる面を仮想地盤面とする．仮想地盤面以深では図 5.2.3（b）に示したように鋼矢板は一定の地盤バネで支持されると仮定する．仮想地盤面の位置の計算は砂質土と粘性土で分けて行う[1]．

5.2.6　曲げモーメントの計算

鋼矢板に発生する曲げモーメントは，図 5.2.3（a）に示したように仮想地盤面より上に作用する分布荷重を三角形に分解し，各三角形の総荷重がその重心位置に集中荷重として作用するものとして計算する．各集中荷重が梁に作用するとして全水平力 S_0 および全モーメント M_0 を求める．鋼矢板の最大曲げモーメント M_{max} は，このように地上に

第5章 鋼矢板水路の長寿命化における材料および設計の留意点

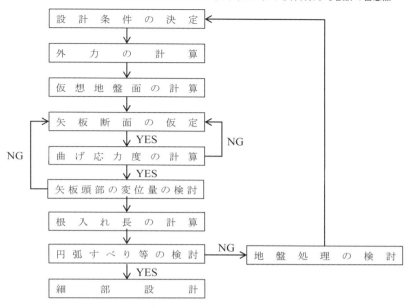

図 5.2.4 自立式護岸の設計手順

突出した杭の頭部に S_0 および M_0 が作用する杭として計算する．M_{max} を断面係数で割ると作用断面に発生する最大曲げ応力度が求まる．最大曲げ応力度が鋼矢板の許容曲げ応力度以下であるかを照査する．ただし，曲げ応力度の計算では腐食後の鋼矢板の断面二次モーメントを用いる．継手効率も鋼矢板の型式に従った値を用いる．継手効率については 1.4.3 および 5.7.5 を，鋼矢板の断面性能については，1.4.2 および 1.5 を参照されたい．

(1) 最大曲げモーメント

図 5.2.3 に示した自立式護岸では，仮想地盤面から l_m の深さに最大曲げモーメント M_{max} が発生する．以下，鋼矢板の断面幅として水路延長方向の単位幅 1 m を考える．

$$M_{max} = \frac{S_0}{2\beta}\sqrt{(1+2\beta h_0)^2+1} \cdot \exp\left(-\tan^{-1}\frac{1}{1+2\beta h_0}\right) \tag{5.1}$$

ここで，

128　第 5 章　鋼矢板水路の長寿命化における材料および設計の留意点

$$\beta = \sqrt[4]{\frac{K_h B}{4EI\alpha}}$$

M_{max}　：最大曲げモーメント（kN・m）

S_0　　：全水平力（kN）

β　　：特性値（m^{-1}）

K_h　　：水平方向地盤反力係数（kN/m^3）

B　　：鋼矢板壁の幅（m）

E　　：鋼矢板の弾性係数（kN/m^2）

I　　：腐食後の鋼矢板壁の断面二次モーメント（m^4）

α　　：継手効率（軽量鋼矢板は 5.7.5 を参照）

h_0　　：仮想地盤面から全水平力作用点までの距離（m）

仮想地盤面から最大曲げモーメントが発生する断面までの深さ l_m（m）は式（5.2）から求める.

$$l_m = \frac{1}{\beta} - \tan^{-1}\left(\frac{1}{1 + 2\beta h_0}\right) \tag{5.2}$$

水平方向の地盤反力係数 K_h（N/m^3）は地盤の平均 N 値から式（5.3）を用いて推定する. 平均 N 値とは仮想地盤面から $1/\beta_0$ までの N 値の平均である. β_0 は鋼矢板の根入れ深さの特性値である.

$$K_h = 0.619N^{0.406} \times 10^7 \tag{5.3}$$

鋼矢板の弾性係数は一般に $E = 2.0 \times 10^8$ kN/m^2 = 2.0×10^5 N/mm^2 を用いる. M_{max} の計算に用いる断面二次モーメント I は製品毎の腐食後の断面性能を用いる. 腐食後の断面性能は 1.5 を，α については普通鋼矢板は「土地改良設計基準水路工」[1] を，軽量鋼矢板は 5.7.5 を参照されたい.

（2）鋼矢板に発生する曲げ応力度

鋼矢板に発生する最大曲げ応力度 σ_s を式（5.4）から求め，許容曲げ応力度 σ_{sa} と比較して照査する. なお，曲げ応力度とは曲げモーメントを断面係数で割った値，すなわち縁応力のことである（梁の曲げ応力は断面での位置を指定しないと確定しないため縁応

力を「度」で区別する).

$$\sigma_s = \frac{M_{max}}{Z\alpha} \leq \sigma_{sa} \tag{5.4}$$

ここで,

M_{max} :最大曲げモーメント (N・mm)
Z :腐食後の鋼矢板の断面係数 (mm³)
α :継手効率(軽量鋼矢板は 5.7.5 を参照)
σ_{sa} :軽量鋼矢板 (SS400) の場合 140 (N/mm²)

5.2.7 根入れ長の計算

鋼矢板の根入れ長とは,図 5.2.5 に示す仮想地盤面以深の長さのことである.根入れ長は式 (5.5) から求める.ただし,鋼矢板の断面二次モーメント I_0 には腐食前の値を用いる.すなわち,腐食 = 0 mm,継手係数 α = 1.0 として計算する.

$$l_p = \frac{3}{\beta_0} \tag{5.5}$$

$$\beta_0 = \sqrt[4]{\frac{K_h B}{4EI_0}} \tag{5.6}$$

I_0 :鋼矢板の腐食前の断面二次モーメント (m⁴)
l_p :鋼矢板の仮想地盤面からの必要根入れ長 (m)

式 (5.5) および (5.6) から鋼矢板の曲げ剛性 EI_0 が大きいほど,β_0 は小さくなり根入

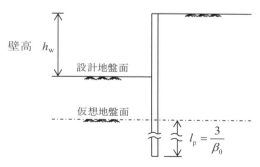

図 5.2.5 矢板の根入れ長[1)]

130   第 5 章　鋼矢板水路の長寿命化における材料および設計の留意点

れ長は長くなる．これは，曲げ剛性の大きな鋼矢板は地盤深部までその変位が伝達し易いためである[5]．それに対して，K_h が大きく地盤が硬い場合には根入れ長は短くなる．

5.2.8　矢板頭部変位量

自立式護岸の頭部変位量 δ は式（5.7）〜（5.10）より求める（図 5.2.6）．

$$\delta = \delta_1 + \delta_2 + \delta_3 \tag{5.7}$$

$$\delta_1 = \frac{(1 + \beta h_0)S_0}{2\beta^3 EI\alpha} \tag{5.8}$$

$$\delta_2 = \frac{(1 + 2\beta h_0)S_0 h}{2\beta^2 EI\alpha} \tag{5.9}$$

$$\delta_3 = \frac{S_0 h_0{}^2(3h - h_0)}{6EI\alpha} \tag{5.10}$$

ここで，

δ_1　　：仮想地盤面での矢板変位量（m）

δ_2　　：仮想地盤面より上部での剛体変位（回転）（m）

δ_3　　：仮想地盤面より上部での片持ち梁としての変位量（m）

S_0　　：全水平力（kN）

E　　：鋼矢板の弾性係数（kN/m²）

I　　：鋼矢板壁の腐食後の断面二次モーメント（m⁴）

α　　：継手効率（軽量鋼矢板は 5.7.5 を参照）

h_0　　：仮想地盤面から全水平力作用点までの距離（m）

h　　：仮想地盤面から天端までの高さ（m）

h_w　　：鋼矢板水路の壁高（m）

δ_1 は Chang の方法から求まる仮想地盤面での鋼矢板の変位量である．δ_2 は仮想地盤面での矢板のたわみ角（勾配）から求まる鋼矢板頭部の変位量であり，仮想地盤面での鋼矢板のたわみ角に h を乗じて求める．δ_3 は鋼矢板を仮想地盤面を固定端とする片持ち梁と仮定し，高さ h_0 の位置に全水平力 S_0 が作用した場合の鋼矢板頭部の変位量である．鋼矢板頭部の変位量 δ はこれらの和となる．

なお，δ_3 の求め方は，各機関の基準・指針によって異なる．たとえば，港湾関係では，外荷重を分布荷重として取り扱い，分布荷重が作用する片持ち梁の頭部の変位として計

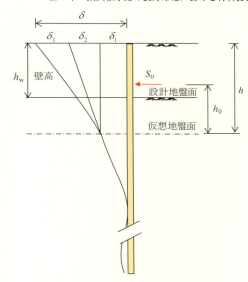

図 5.2.6 自立式護岸の変位 [1]

算する [5]. また, 図 5.2.3 (a) で示したように, 分布荷重を集中荷重に置き換え, 複数の集中荷重が作用する片持ち梁として頭部の変位を計算する方法もある [6]. さらに応用度が高い方法としてはたわみ曲線法などがある [7]. 自立式護岸の頭部の許容変位量を表 5.2.1 に示す.

表 5.2.1 自立式護岸頭部の許容変位量

壁高 m	許容変位量 m
$0 \leqq h_w \leqq 4.0$	$h_w/40$
$4.0 < h_w$	0.10

5.2.9 地盤反力および鋼矢板剛性と Chang の方法により計算した根入れ長, 最大曲げモーメント等の関係

これまで述べた Chang の方法に基づく鋼矢板の根入れ長 l_p, 最大曲げモーメント M_{max} および M_{max} の発生位置 l_m と地盤特性 (K_h), 鋼矢板の剛性 (特に断面二次モーメント I) および特性値 β の関係について簡単にまとめる. 式 (5.1) から M_{max} を求めるためには, 仮想地盤面より上の地盤等から作用する全水平力 S_0 および全モーメント M_0 を設定する必要がある. そこで, 図 5.2.7 に示す載荷条件および地盤条件を与えた簡単なモデル鋼矢板水路を設定した. 水路の形式は自立式護岸とする. また, 鋼矢板は軽量鋼矢板とし, 壁高は設計地盤から 2 m とする. 地盤は単一砂地盤とし, 設計地盤から 1 m 上に地下水

第5章 鋼矢板水路の長寿命化における材料および設計の留意点

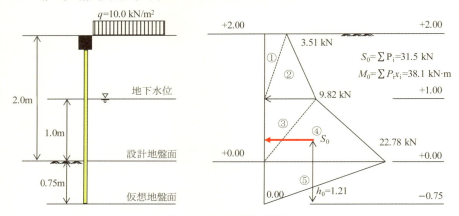

図 5.2.7　モデル鋼矢板水路

表 5.2.2　モデル鋼矢板水路の計算条件

解析条件	当初設計		値	単位	備考
地盤条件 （砂質土）	湿潤単位体積重量	γ_t	18.0	kN/m³	
	水中単位体積重量	γ_{ws}	9.0	kN/m³	
	水の単位体積重量	γ_w	9.8	kN/m³	
	内部摩擦角	φ	25	°	
	地盤反力係数	K_h	$1.0 \times 10^3 \sim 2.0 \times 10^4$	kN/m³	水準変数
鋼矢板物性	弾性係数	E	2.0×10^8	kN/m²	
	断面二次モーメント （E7型　厚さ7mm）		5.08×10^{-5}	m⁴	I_0：腐食前
			3.62×10^{-5}	m⁴	I：腐食後
	断面二次モーメント （E5型　厚さ5mm）		3.62×10^{-5}	m⁴	I_0：腐食前
			2.18×10^{-5}	m⁴	I：腐食後
	断面二次モーメント （D6型　厚さ6mm）		7.62×10^{-6}	m⁴	I_0：腐食前
			5.07×10^{-6}	m⁴	I：腐食後
継手効率	α		軽量鋼矢板区分D，E型を用いるため，全ての照査ケースで α=1.0 とする．他の区分については5.7.5を参照		

位があるとする．上載荷重は 10.0 kN/m² とした．このようなモデル鋼矢板水路を対象に軽量鋼矢板の種類を3水準（E7：E型厚さ7mm，E5：E型厚さ5mm，D6：D型厚さ6mm），地盤反力係数 K_h を $1.0 \times 10^3 \sim 2.0 \times 10^4$ kN/m³ の範囲（式（5.3）の平均 N 値換算でほぼ 0〜14）で変化させ，Chang の方法に基づき鋼矢板の根入れ長 l_p，最大曲げモーメント M_{max}，最大曲げモーメントの発生位置 l_m および頭部変位量 δ を計算する．なお，

砂地盤で平均 N 値が 1 以下になることは現実的ではないが，計算の容易さを考え，簡単のため単一砂地盤とした．

（1）根入れ長

図 5.2.8 に鋼矢板の曲げ剛性および地盤反力係数 K_h と根入れ長 l_p の関係を示す．鋼矢板の剛性が一定の場合は K_h が大きくなると l_p は短くなる．それに対して，K_h が一定の場合は鋼矢板の曲げ剛性が増すほど l_p は長くなる．これは，鋼矢板の曲げ剛性が増すと，地盤の深い位置まで鋼矢板の変位が伝達されるためである[3]．

図 5.2.9 に鋼矢板の曲げ剛性および K_h と特性値 β_0 の関係を示す．特性値 β_0 は K_h が大きくかつ鋼矢板の曲げ剛性が小さいほど大きい．式（5.5）からも明らかなように特性

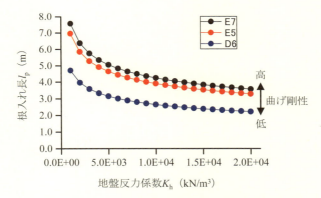

図 5.2.8　地盤反力および鋼矢板の曲げ剛性と根入れ長 l_p の関係

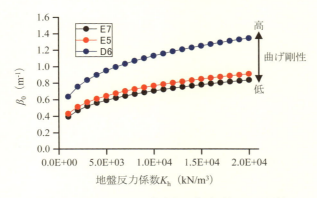

図 5.2.9　地盤反力および鋼矢板の曲げ剛性と β_0 の関係

値 β_0 が大きいほど l_p は短くなる．すなわち，K_h が小さい軟弱地盤に曲げ剛性の大きな鋼矢板を設置すると l_p が長大になる可能性がある．参考のために，図 5.2.10 に鋼矢板の根入れ長と特性値 β_0 の関係を示す．鋼矢板の種類によらず，β_0 が増加すると根入れ長は減少する．

(2) 最大曲げモーメント

図 5.2.11 に鋼矢板の曲げ剛性および地盤反力と M_{max} の関係を示す．地盤反力が小さく，鋼矢板の曲げ剛性が大きいほど M_{max} は大きくなる．すなわち，地盤反力の小さい軟弱地盤に曲げ剛性の大きい矢板を打設すると M_{max} が大きくなる可能性が高い．主働土圧側の地盤の内部摩擦角を 25° で一定とした場合，地盤反力係数が $1.0×10^4$ kN/m³（平

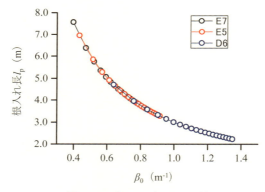

図 5.2.10　根入れ長と β_0 の関係

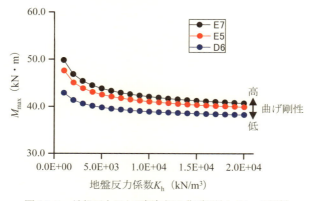

図 5.2.11　地盤反力および鋼矢板の曲げ剛性と M_{max} の関係

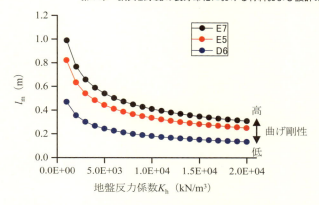

図 5.2.12 地盤反力および鋼矢板の曲げ剛性と l_m の関係

均 N 値換算で約 2.5)を超えると地盤反力が増加しても M_{max} はほとんど変化しなくなる.図 5.2.12 に鋼矢板の曲げ剛性および地盤反力と M_{max} の発生深さである l_m の関係を示す. M_{max} と同様に地盤反力が小さく,鋼矢板の剛性が大きいほど l_m は深くなる.すなわち,軟弱地盤に曲げ剛性の大きい矢板を設置すると相対的に深い位置で M_{max} が発生する可能性が高い.以上の傾向は文献[4]で実験的にも示されている.

(3) 矢板頭部変位量

式 (5.7) ～ (5.10) から明らかなとおり,δ_1 および δ_2 は特性値 β を介して地盤反力および鋼矢板の曲げ剛性の影響を受ける.一方,δ_3 は地盤反力の影響を受けず,外荷重 (S_0 および M_0) と矢板の曲げ剛性のみで決定される.ここでは,図 5.2.7 に示した外荷重を一定としたモデル鋼矢板水路に対して,曲げ剛性が E7>E5>D6 の順に小さくなる 3 種類の軽量鋼矢板を選定し,K_h および鋼矢板の曲げ剛性を変化させた場合の鋼矢板の頭部変位量を計算した.

図 5.2.13 (a) ～ (c) に 3 種類の軽量鋼矢板 E7,E5,D6 の頭部変位量と地盤反力係数 K_h の関係を示す.K_h が大きくなると頭部変位量は小さくなる.ただし,K_h が 1.0×10^4 kN/m³(平均 N 値換算で約 2.5)を超えると,頭部変位量の傾向は収まり,ほぼ一定の値に収束する.このように,K_h が 1.0×10^4 kN/m³(平均 N 値換算で約 2.5)を超えると K_h の頭部変位量に対する影響は小さくなる.したがって,K_h が小さい砂質土と仮定した軟弱地盤では頭部変位量は地盤の影響を強く受けるが,K_h が平均 N 値換算で 2～3 より大きな地盤ではその影響は小さくなると推定される.

第 5 章 鋼矢板水路の長寿命化における材料および設計の留意点

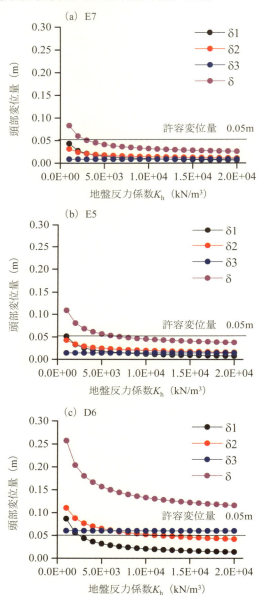

図 5.2.13 地盤反力および鋼矢板の曲げ剛性と頭部変位量の関係

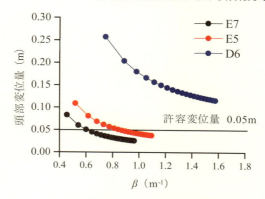

図 5.2.14　特性値 β と頭部変位量の関係

図 5.2.13（a）～（c）から頭部変位量の割合を見てみる．曲げ剛性が大きい E7 および E6 では全体変位量 δ に対する δ_3 の割合は小さい．それに対して，曲げ剛性が小さい D6 では全体変位量 δ に対する δ_3 の割合が他の変位成分より大きい．すなわち，曲げ剛性が大きな鋼矢板では頭部変位量の中で地盤の影響を受ける δ_1 および δ_2 成分の割合が大きくなるが，曲げ剛性が小さい鋼矢板では鋼矢板の曲げ剛性の影響を受ける δ_3 が相対的に大きくなる．図 5.2.14 に参考のため特性値 β と頭部変位量の関係を示す．

5.3　既設鋼矢板水路の性能評価
5.3.1　鋼矢板の性能評価と補修・補強の判定

既設鋼矢板水路の補修・補強を行う際には，既設鋼矢板の性能評価を行い，その性能低下に応じた対策を取ることが望ましい．性能低下に応じた補修・補強対策の概要を図 5.3.1 に示す．既設鋼矢板の現有性能評価を簡単に「既設鋼矢板の性能評価」と呼ぶことにする．

鋼矢板の性能低下に応じてどのような性能評価および対策が必要となるかを図 5.3.1 を用いて考える．

既設鋼矢板の性能低下が小さい場合（図 5.3.1 の Level 1 に相当），鋼矢板は当初性能をほぼ保持していると考えられる．Level 1 の鋼矢板に対しては，いくつかの性能評価指標を準備し，指標が建設当初の値あるいは状態を満足しているか評価する．鋼矢板が当初性能を満足していれば，継続監視あるいは予防保全が対策の選択肢となる．当初性

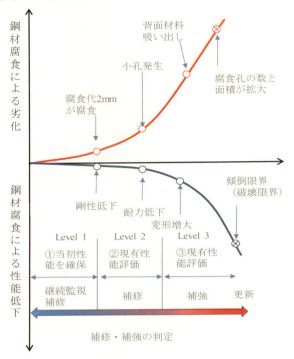

図 5.3.1 鋼矢板の性能劣化，性能評価および補修・補強の判定

能を照査する性能指標と判断基準としては，①当初設計時と現場条件（荷重条件など）の変化の有無，②腐食代が 2 mm 以下か，③著しい開孔，欠損の有無，④鋼矢板の頭部変位量が許容値以内か，とする．

鋼矢板水路の性能低下がある程度進行しているが顕著な耐力低下を生じていないレベル（Level 2）では，補修対策を実施することにより将来的に性能を確保できる状態に鋼矢板があるかを評価する．性能評価の結果，既設鋼矢板の性能が保持されていれば，補修あるいは継続監視が対策の選択肢となる．性能が保持されていない場合は補強や更新が対策の選択肢となる．ただし，現在の技術レベルでは補修と補強の境界を一律に定めることは困難である．したがって，補強および更新の選定では当面は工学的判断が必要となる．その際には，鋼矢板に発生している断面欠損の範囲と程度が判定指標として重要となる．

鋼矢板の性能低下が進行し，断面欠損の範囲が拡大し，著しい開孔による大きな耐力低下が想定される場合（Level 3）は，補強や更新が対策の選択肢となる．補強対策の立案のためには既設鋼矢板の耐力低下を評価し，耐力低下に応じた補強が必要となる．しかし，現在の技術レベルでは耐力低下を評価することは困難である．そのため，本節では補強対策については記述しない．今後の研究開発に期待する．なお，鋼矢板の性能低下がほぼ終局に近づき倒壊のおそれがある場合には，緊急対策の検討が必要となる．

以上をまとめると，鋼矢板の性能評価および補修・補強対策を行うためには，①既設鋼矢板の性能調査，②既設鋼矢板の性能評価，③既設鋼矢板の将来的な性能評価，④既設鋼矢板の補修・補強後の性能評価が必要となる．現状の技術レベルでは，この全てを行うことは難しいが，次節から補修対策を主な対象とし，既設鋼矢板および補修後の鋼矢板の性能評価について述べる．

5.3.2　性能評価フロー

「農業水利施設の補修・補強工事に関するマニュアル【鋼矢板水路腐食対策（補修）編】」[8] の自立式護岸の性能評価フローを図 5.3.2 に示す．また，対策実施後の腐食代の設定とそれに基づく補修対策実施後の性能評価のフローを図 5.3.3 に示す．

5.3.3　既設鋼矢板水路の性能評価の前提条件

図 5.3.2 のフローに基づき，既設鋼矢板水路の性能評価の前提条件等について考える．これは，既設鋼矢板水路の中から性能評価が可能な水路を劣化状態に応じて限定するためである．なぜならば，鋼矢板の性能低下が進行し，耐力低下が著しいと想定される鋼矢板水路は補修を前提とした評価の対象外となるためである．なお，本節で検討する水路形式は自立式護岸とする．他形式の水路についても同様な検討が必要であるが，水路形式により鋼矢板に発生する曲げモーメント等の分布が異なるため個別の検討が必要となる．

鋼矢板水路は主に腐食により性能低下する．性能評価を行うためには，（1）地盤および材料物性の変化，（2）荷重条件の変化，（3）鋼矢板の腐食状況，（4）基準の変遷，を把握し明らかにする必要がある．これらの前提条件を基に既設鋼矢板水路の性能評価を行い，対象水路が要求性能を満たしているか否かを判定する．要求性能については新設および既設鋼矢板水路ともに変わりはない．

既設鋼矢板水路の性能評価の前提条件を図 5.3.4（a）および表 5.3.1 に示す．ここで，（1）地盤および材料物性の変化および（2）荷重条件の変化については設計時点と変化

140　第5章　鋼矢板水路の長寿命化における材料および設計の留意点

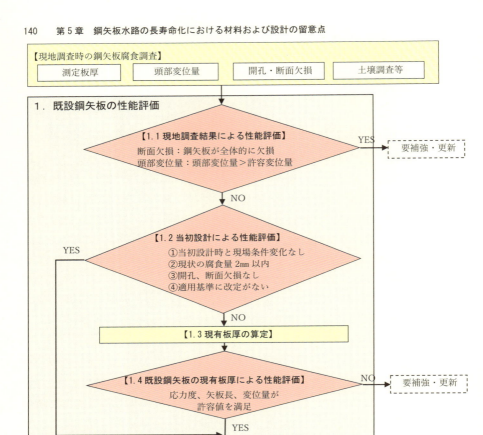

図 5.3.2　鋼矢板の性能調査，性能評価および補修・補強の判定

がないと仮定する．したがって，対象とする既設鋼矢板の仮想地盤面や根入れ長は変化しないとする．地盤および荷重条件が変化する場合は，5.2 に示した新設時の設計手法を基に再度計算が必要となる．

　(3) の鋼矢板の腐食状況としては，既設鋼矢板の地中部での腐食進行は小さく腐食代は 2 mm 以下が確保されていると仮定する．新設鋼矢板水路の設計では腐食後（腐食代 2 mm）を見込んだ曲げ応力度の照査が行われている．したがって，対象とする既設

第5章 鋼矢板水路の長寿命化における材料および設計の留意点　141

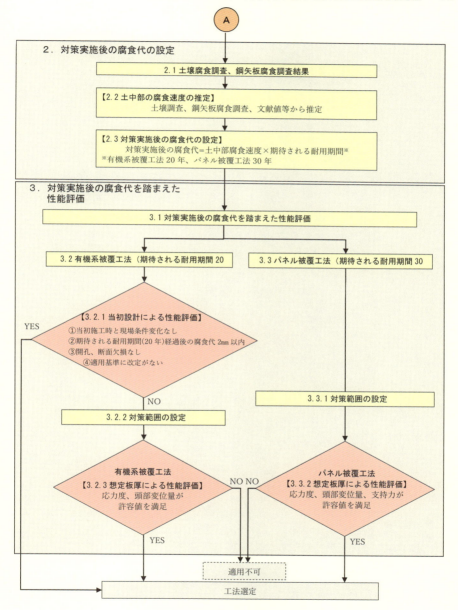

図 5.3.3　対策後の鋼矢板の性能評価

第 5 章　鋼矢板水路の長寿命化における材料および設計の留意点

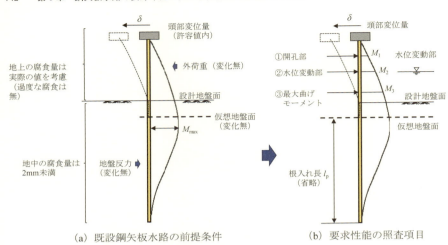

図 5.3.4　既設鋼矢板水路の前提条件と要求性能の照査項目

表 5.3.1　既設鋼矢板水路の性能評価に必要な前提条件

諸条件	物性または条件	既設鋼矢板の設定条件
①地盤物性	N 値 単位体積重量 内部摩擦角　φ 粘着力　　　C 地盤反力係数　K_h	当初設計と変化無し
②荷重条件	壁高や盛土などの断面形状	当初設計と変化無し
③鋼矢板の劣化状況	ウェブの全体欠損	全体欠損なし
	頭部変位量	許容値未満
	断面欠損	あて鋼板で補修可能
	腐食の分布	M_{max} が発生する地中での腐食代 2 mm 以下
④鋼材の物性	弾性係数	当初設計と同一
	断面二次モーメント	腐食を考慮
	断面係数	腐食を考慮
⑤適用基準の改定	基準	平成 26 年設計基準水路工に準拠

　鋼矢板の最大曲げモーメントが発生する地中部の腐食厚が 2 mm 未満とすれば，鋼矢板の腐食進行による曲げ破壊は地上部に限定される．つまり，鋼矢板の曲げ応力度の性能評価は，地上部のみを対象とすれば良い．ただし，既設鋼矢板の地上部に著しい腐食が

第 5 章　鋼矢板水路の長寿命化における材料および設計の留意点　　143

進行し鋼矢板に大きな孔が空くような場合は評価の対象外とする．地上部の鋼矢板に断面欠損が見られても鋼板等で補修可能なレベルの既設鋼矢板を評価の対象とする．

　性能評価の対象となる既設鋼矢板水路の状態をまとめると「設計時と地盤および荷重条件が変化せず頭部の変位量も許容値以内で地中部の腐食も小さい．一方，地上部では鋼材の腐食が進行しているが，大きな開孔が生じるほど著しい腐食は発生していない既設鋼矢板水路」となる．このような条件の既設鋼矢板水路では腐食により鋼矢板板厚が減少し鋼矢板の曲げ剛性 EI が低下するため曲げ応力度または頭部変位量が増加する可能性がある．したがって，既存鋼矢板の状態に基づき，鋼矢板に発生する曲げ応力度および頭部変位量を計算し許容値を満たすかの照査が必要となる．

　既設鋼矢板水路の性能照査に必要な項目を図 5.3.4（b）および表 5.3.2 に示す．鋼矢板水路の主要な要求性能は，①鋼矢板が破壊しないこと，②鋼矢板に過度な変形・変位が生じないこと，である．この他にも必要根入れ長を確保すること，掘削底面の安定条件（円弧すべりおよびヒービング等を起こさないこと）が必要であるが，本書では，地盤および荷重条件が変化しないと仮定しているため表 5.3.2 の根入れ長および掘削底面の安定条件の照査を割愛する．照査が必要な場合は，「土地改良設計基準水路工」[1] を参照されたい．

　このような既設鋼矢板の性能評価では，鋼矢板の曲げ破壊および頭部変位量の照査が必要となる．鋼矢板の曲げ破壊の照査は地上部を対象とする．照査断面としては，地上部の腐食により曲げ剛性の低下が想定される箇所および地上部の最大曲げモーメントが作用する箇所とする．具体的な照査箇所を図 5.3.4（b）に示す．照査箇所は通常次の 3 箇所となる．①断面欠損の発生箇所，②水位変動部等の最大の腐食進行が想定される箇所（断面係数が最小となると予想される箇所），③水路底の地盤面付近（測定範囲内

表 5.3.2　鋼矢板水路の要求性能と照査

要求性能	性能指標	当初設計	既設鋼矢板
①破壊しない	曲げ応力度	○ （地中部）	○ 地上部にて照査
	円弧すべり	○	—
	掘削底面安定	○	—
②過度な変位が 生じない	根入れ長	○	—
	頭部変位量	○	○

144　第 5 章　鋼矢板水路の長寿命化における材料および設計の留意点

表 5.3.3　既設鋼矢板水路が当初設計性能を保持しているかの判定項目

項目	判定条件
①	当初設計と現場条件変化なし
②	鋼矢板の腐食代 2 mm 以下
③	著しい開孔，断面欠損がない
④	建設後，適用基準の改定がない

で曲げモーメントが最大となると想定される箇所）．矢板頭部変位量については，鋼矢板の腐食を考慮した断面二次モーメントおよび断面係数を計算し，式（5.7）〜（5.10）を用いて計算する．

5.3.4　既設鋼矢板水路の当初設計による性能評価

図 5.3.2 に示したフローの「1.2 当初設計による性能評価」について説明する．既設鋼矢板水路の腐食進行が小さく，腐食が当初設計の腐食代以内に収まっている場合には，既設鋼矢板水路は当初性能を保持していると判断し，次の補修対策の検討に手順を進める．既設鋼矢板水路が当初性能を保持しているかは，表 5.3.3 の判定項目に従う．表 5.3.3 の 4 項目をすべて満足する場合は当初性能を保持していると判定する．4 項目のうち 1 項目でも満足しない場合は板厚減少を考慮した性能評価を行う．

5.3.5　既設鋼矢板水路の板厚減少を考慮した性能評価

表 5.3.3 に示す 4 つの条件のうち 1 項目でも満足しない場合は板厚減少を考慮した性能評価を行う．板厚減少による性能評価は，照査時点での残存板厚，断面欠損状況を調査し，実際の性能低下を考慮した曲げ応力度，根入れ長，頭部変位量を求め，それらが許容値を満たしているか照査する．

（1）曲げ応力度の照査

照査断面に発生する曲げ応力度 σ_s を式（5.11）から求め，許容曲げ応力 σ_{sa} と比較して照査する．新設時の式（5.4）とは断面係数が異なる．新設時の値ではなく既設鋼矢板の板厚等から求めた Z_{ab} を用いる．

$$\sigma_s = \frac{M}{Z_{ab}\,\alpha} \leq \sigma_{sa} \tag{5.11}$$

ここで，

M　　　：照査断面に発生する曲げモーメント（N・mm）

- Z_{ab} ：照査時の板厚，開孔を考慮した単位幅の断面係数（mm³）
- α ：継手効率（応力度照査では1.0）
- σ_{sa} ：軽量鋼矢板（SS400）の場合 140（N/mm²）

(2) 曲げ応力度の照査断面と作用モーメントの計算

1) 曲げ応力度の照査断面

鋼矢板の曲げ応力度の照査は，図5.3.5に示す設計地盤より上の3箇所で行う．照査箇所は，①水位変動部等の最大腐食進行箇所（断面係数が最小となると想定される箇所），②設計地盤面付近（測定範囲内で曲げモーメントが最大と想定される箇所），③断面欠損が発生している箇所，である．なお，①と③は同一箇所となる場合もある．

2) 作用モーメントの計算

鋼矢板水路を仮想地盤面を固定端とする片持ち梁としてモデル化し照査断面に発生する作用モーメント M_x を求める（図5.3.6）．M_x は，土圧等による作用分布荷重を三角形分布荷重に分割し，各三角形分布荷重の重心位置に三角形分布の全荷重が集中荷重として作用するとして計算する．

(3) 板厚減少および断面欠損を考慮した断面係数の計算

板厚減少および断面欠損を考慮した断面係数 Z_{ab} は，式(5.12)により求める．

$$Z_{ab} = Z_a - Z_b \tag{5.12}$$

ここで，

- Z_{ab} ：板厚減少，断面欠損を考慮した単位幅の断面係数（mm³）
- Z_a ：平均的な板厚減少を考慮した断面係数（mm³）

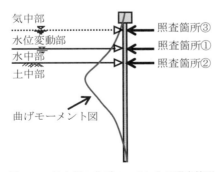

図5.3.5 地上部の曲げモーメントの照査箇所

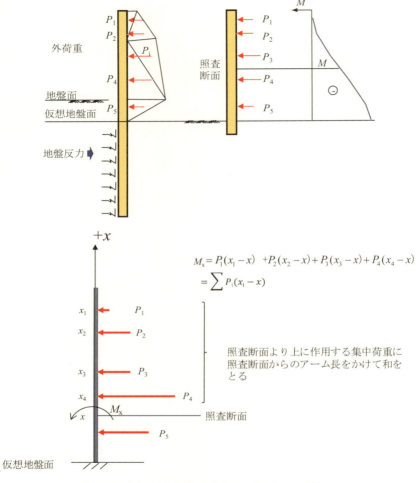

図 5.3.6　片持ち梁モデルと作用モーメント M_x の計算

Z_b　　：断面欠損を考慮した断面係数（mm³）

軽量鋼矢板の板厚減少を考慮した断面係数 Z_a は図 5.3.7 に示す断面係数と腐食厚 d_c の関係から求める．図 5.3.7 は文献[2]に示されているグラフから断面係数と腐食厚の関係を求めている．腐食厚 d_c が 2mm 以上の範囲は外挿となる．照査箇所の鋼矢板の平均的な腐食厚 d_c は調査等から残存板厚を求め，腐食厚 ＝ 製品板厚－残存板厚から求める．

第 5 章　鋼矢板水路の長寿命化における材料および設計の留意点　147

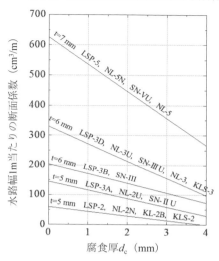

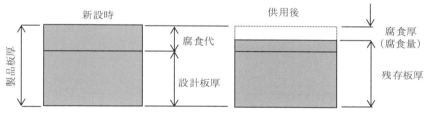

図 5.3.7　軽量鋼矢板の断面係数と腐食厚の関係

　表 5.3.4 に図 5.3.7 から読み取った低減直線の切片 Z_0 および傾き a を示す．この表をもとに，腐食厚 d_c の軽量鋼矢板の断面係数 Z_a は式（5.13）から推定する．

$$Z_a = (Z_0 - ad_c) \times 10^3 \tag{5.13}$$

ここで

　　Z_a　　：腐食厚を考慮した断面係数（mm³）

　　Z_0　　：腐食前の製品軽量鋼矢板の断面係数（mm³）

　　a　　　：表 5.3.4 の傾き

　　d_c　　：照査断面の腐食厚（mm）

である．腐食厚 d_c の設定方法については 5.7.6 を参照のこと．

148　第 5 章　鋼矢板水路の長寿命化における材料および設計の留意点

表 5.3.4　腐食厚に応じた断面係数低減直線の切片および傾き

型式区分	板厚 mm	切片 Z_0 cm^3	傾き a cm^3/mm	記号				
A	5	59.7	15.3	LSP-2	NL-2N	KL-2B	KLS-2	
B	5	144	28.6	LSP-3A	NL-2U	KL-2U		SN-ⅡU
C	6	330	58.3	LSP-3D	NL-3U	KL-3	KLS-3	SN-ⅢU
D	6	204	32.9	LSP-3B	NL-3			SN-Ⅲ
E	7	626	89.8	LSP-5	NL-5N	KL-5		SN-VU

　板厚減少した普通鋼矢板の断面係数の計算方法は軽量鋼矢板と異なる．普通鋼矢板の断面係数の低減方法は 1.5 および文献 [8] を参照されたい．普通鋼矢板では腐食厚に応じた断面係数低減係数 η を設定し，腐食前の断面係数 Z_0 に η を乗じて $Z_a = \eta Z_0$ として断面係数を求める．

(4) 断面欠損を考慮した断面係数の計算

　鋼矢板に断面欠損が発生するとその部分の断面係数は低下する．本節では断面欠損が発生した鋼矢板の断面係数の算定方法を説明する．なお，断面欠損とは局所的な板厚減少および開孔を意味する．断面欠損が進行すると開孔となり，さらに進行すると開孔が連結し著しい開孔となる．

　図 5.3.8 に水路壁部に断面欠損が発生したスパン長 L_0 の鋼矢板水路のモデルを示す．曲げ応力度の照査断面には幅 w_i，平均腐食厚 d_{ci} の断面欠損が 1 スパン当たり n 箇所発生している．断面欠損部分の実際の形状は不定形であるが，ここでは断面欠損部を幅 w_i，高さ z_i，平均腐食厚 d_{ci} の長方形板状の孔としてモデル化する．ただし，断面欠損の範囲としては図 5.3.8 に示すように断面欠損部を囲むように計測した幅 w_i，高さ z_i の最大値を用いる．この際，断面欠損部およびその周辺で著しい板厚減少，開孔，亀裂が発生している箇所は開孔とみなす．断面欠損部以外の平均的な板厚減少が生じている部分は，調査により残存板厚を求め腐食厚を求める．著しい板厚減少または開孔等が生じている箇所は，あて鋼板などを用いた修復が必要である．あて鋼板補修を行った領域は開孔として評価する．

　図 5.3.8 に示した断面欠損が生じた鋼矢板水路の断面二次モーメント I_{bi} を求める．図 5.3.8 に示す断面欠損部 i を図 5.3.9 に示す換算幅 w_i，換算高さ z_i，平均腐食厚 d_{ci} の直方体形状の孔としてモデル化する．断面欠損部を考慮した I_{bi} は式（5.14）より求まる．

第 5 章　鋼矢板水路の長寿命化における材料および設計の留意点　　149

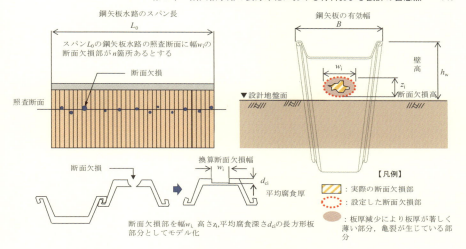

図 5.3.8　フランジの断面欠損による断面二次モーメントの低下

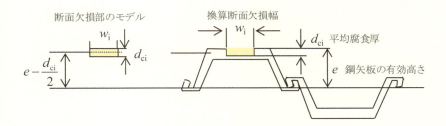

図 5.3.9　断面欠損部の断面二次モーメントの算定

$$I_{bi} = \frac{w_i d_{ci}{}^3}{12} + w_i d_{ci}(e - \frac{d_{ci}}{2})^2$$

$$= w_i \left(\frac{d_{ci}{}^3}{12} + d_{ci}(e - \frac{d_{ci}}{2})^2 \right) \tag{5.14}$$

ここで，

- w_i ：断面欠損部分の腐食厚を一定と仮定した断面欠損部分換算幅（mm）
- d_{ci} ：断面欠損部の平均腐食厚（mm），断面欠損部分以外の平均残存板厚から断面欠損部の平均残存板厚を引き求める
- e ：鋼矢水路の有効高さ（mm），※ハット型（軽量鋼矢板区分 D, E を含む）

の場合，鋼矢板の有効高さの 1/2 とする．U 型の場合，2 枚組み合わせた時の有効高の 1/2 とする．

スパン長 L_0 の鋼矢板水路の照査断面に n 箇所の断面欠損が発生していたとすれば，水路 1 スパンの断面欠損を考慮した断面二次モーメント I_{Tb} は，式 (5.14) を累計することにより式 (5.15) より求まる．

$$I_{Tb} = \sum I_{bi} = \sum w_i \left(\frac{d_{ci}^{\,3}}{12} + d_{ci}(e - \frac{d_{ci}}{2})^2 \right) \tag{5.15}$$

水路幅さ 1 m に対する断面二次モーメント I_b および断面係数 Z_b は式 (5.16)，式 (5.17) から算定する．

$$I_b = \frac{\sum I_{bi}}{L_0} \tag{5.16}$$

$$Z_b = \frac{I_b}{e} \tag{5.17}$$

ここまでは，断面欠損部の大きさが発生箇所により異なる場合の計算を示した．次に，簡単のため n 箇所の断面欠損部の幅 w_i および平均腐食厚 d_{ci} がすべて等しい場合を考える．つまり $w_i = \overline{w}$，$d_{ci} = \overline{d_c}$ とする．この場合，水路幅 1 m 当たりの断面欠損を考慮した断面二次モーメント I_b は式 (5.18) から求まる．

$$I_b = \frac{\lambda \overline{w}}{B} \left(\frac{\overline{d_c}^{\,3}}{12} + \overline{d_c}(e - \frac{\overline{d_c}}{2})^2 \right) \tag{5.18}$$

ここで，

N : 1 スパンの矢板全枚数

n : 1 スパンの断面欠損発生矢板枚数

λ : $\lambda = \dfrac{n}{N}$，断面欠損の発生割合

B : 鋼矢板 1 枚当たりの有効幅（mm）

$\overline{w}$: 鋼矢板 1 枚当たりの平均換算欠損幅（mm）

$\overline{d_c}$: 鋼矢板 1 枚当たりの平均腐食厚（mm）

となる.

（5）矢板頭部変位量の計算

板厚減少を考慮した自立式護岸の頭部変位量 δ は，前に述べた矢板頭部変位量の計算式（5.7）～（5.10）を基に，板厚減少を反映した断面二次モーメント I_{12}，I_3 および特性値 β を用いて式（5.19）～（5.21）から算定する.

$$\delta = \delta_1 + \delta_2 + \delta_3 \qquad\qquad\qquad\qquad (5.7 \text{ 再掲})$$

$$\delta_1 = \frac{(1 + \beta h_0)S_0}{2\beta^3 EI_{12}\alpha} \qquad\qquad\qquad\qquad (5.19)$$

$$\delta_2 = \frac{(1 + 2\beta h_0)S_0 h}{2\beta^2 EI_{12}\alpha} \qquad\qquad\qquad\qquad (5.20)$$

$$\delta_3 = \frac{S_0 h_0{}^2(3h - h_0)}{6EI_3\alpha} \qquad\qquad\qquad\qquad (5.21)$$

ここで,

I_{12} ：土中部の鋼矢板の断面二次モーメント（m^4）

I_3 ：鋼矢板水路壁部の腐食後の断面二次モーメント（m^4）

β ：I_{12} を用いて計算する

α ：継手効率（軽量鋼矢板については 5.7.5 を参照）

である.

1）土中部の鋼矢板の断面二次モーメントの計算

板厚減少した土中部の鋼矢板の断面二次モーメント I_{12} は，土中における鋼矢板の腐食厚 d_c から推定する．軽量鋼矢板では式（5.13）から断面係数を求め，それを基に I_{12} を求める．普通鋼矢板の場合は，1.5 および文献 [8] 等に示された腐食時断面性能算定図（α＝0 の直線）により土中部での腐食厚を考慮した断面二次モーメントの値を用いる.

土中における d_c を求めるためには，①試掘や土壌調査等の現場調査から残存板厚を求め推定する，②文献値から推定する，二つの方法がある．鋼矢板の腐食速度 v（mm/year）が求まれば，想定供用期間 T（year）に v を乗じて腐食厚 d_c（mm）を算定する．鋼材の

腐食速度の標準値として「港湾の施設の技術上の基準・同解説」[9] に示されている値を表 5.3.5 に示す.

2) 鋼矢板水路壁部の断面二次モーメントの計算

鋼矢板の頭部変位量を照査するためには鋼矢板水路壁部の断面二次モーメント I_3 の算定が必要となる．I_3 を計算するためには，水路壁部の平均板厚減少と局所的に発生する断面欠損の影響を考慮する必要がある．ここでは，気中部，水位変動部および水中部に断面欠損が生じた図 5.3.10 に示す鋼矢板水路の I_3 を算定する．

最初に，水路壁部を断面欠損部分とそれ以外の部分に分ける．次に，断面欠損箇所 i の断面二次モーメント $I_{b,i}$ と断面欠損部以外の平均的な板厚減少が生じている部分の断面二次モーメント I_a を求める．最後に，$I_{b,i}$ と I_a をその発生区間長により比例配分計算を行い，水路壁部の平均化した断面二次モーメント I_3 を求める．

断面欠損が生じている 1 m 単位幅のモデル鋼矢板水路を図 5.3.10 の右図に示す．照査断面には換算幅 $\overline{w_1} \sim \overline{w_3}$，換算高さ $\overline{z_1} \sim \overline{z_3}$，平均腐食厚 $\overline{d_{c1}} \sim \overline{d_{c3}}$ の立方体形状の孔としてモデル化された断面欠損が発生しており，断面欠損部の断面二次モーメントを $I_{b,1}$, $I_{b,2}$, $I_{b,3}$ とする．それぞれの断面欠損を考慮した断面二次モーメントは前に示した式 (5.18) から計算できる．

表 5.3.5 鋼材の腐食速度の標準値[9]

	腐食環境	腐食速度 mm/year
陸側	陸上大気部	0.10
	土中（地下水位以上）	0.03
	土中（地下水位以下）	0.02

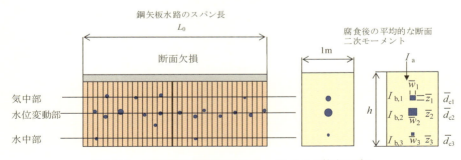

図 5.3.10 水路壁部の平均断面二次モーメント I_3 の算定モデル

第5章　鋼矢板水路の長寿命化における材料および設計の留意点　　153

　平均的な板厚減少が発生している気中部，水位変動部，水中部および鋼矢板背面の土中部では，現地調査および文献値から各部分の腐食厚を求める．軽量鋼矢板ではこの平均腐食厚から式（5.13）を用いて断面二次モーメント I_a を計算する．

　水路壁全体の曲げ剛性の低下を考慮した I_3 の計算は，図5.3.10の右図に示すように平均的な板厚減少を考慮した I_a から断面欠損による断面二次モーメント $I_{b,i}$ を差し引いた（I_a-$I_{b,i}$）を断面欠損区間の断面二次モーメントとする．一方，断面欠損が生じていない区間の断面二次モーメントは平均的な板厚減少を考慮した I_a を用いて区間長により比例配分計算を行う．平均化した水路壁部の断面二次モーメント I_3 は次式となる．

$$I_3 = \frac{(I_a - I_{b,1})z_1 + (I_a - I_{b,2})z_2 + (I_a - I_{b,3})z_3 + I_a(h - \sum z_i)}{h_w} \tag{5.22}$$

ここで，

I_3　：鋼矢板水路壁部の腐食後の板厚減少と断面欠損を考慮した平均断面二次モーメント（m⁴）

I_a　：鋼矢板水路壁部の腐食後の板厚減少を考慮した断面二次モーメント（m⁴）

$I_{b,i}$　：断面欠損区間 i の断面二次モーメント（m⁴）

h_w　：鋼矢板の設計地盤面からの壁高（m）

z_i　：断面欠損区間 i の欠損部の換算欠損高さ（m）

5.4　補修対策実施後の鋼矢板水路の性能評価

5.4.1　基本的な考え方

　補修対策後の鋼矢板水路の性能評価について図5.3.3に示すフローに基づき述べる．性能評価の基本仮定は，①補修部では期待耐用期間内に腐食は進行せず板厚減少は生じない，②補修部以外では板厚減少が生じる，である．補修部以外の腐食厚は腐食速度から求める．腐食速度は土壌調査，腐食調査，文献値等から推定する．腐食速度×各工法の期待耐用年数から期待耐用年数後の想定腐食厚を求める．有機系被覆工法の期待耐用年数は20年，パネル被覆工法のそれは30年である．

　補修対策実施後の鋼矢板水路の性能評価の方法は工法により異なる（図5.3.3）．有機系被覆工法では期待耐用年数後の想定腐食厚を推定し，表5.4.1の条件を満足する場合は，期待耐用年数後も鋼矢板は当初性能を満足すると判定し照査を終了する．表5.4.1

154 第5章 鋼矢板水路の長寿命化における材料および設計の留意点

の条件を一つでも満たさない場合は，想定板厚による照査を継続する．パネル被覆工法では，パネル設置による付加モーメント ΔM を考慮した照査を行う．

5.4.2 有機系被覆対策後の性能評価

表 5.4.1 の条件を一つでも満たさない場合は，有機系被覆対策後の鋼矢板の腐食進行を考慮した性能評価を実施する．評価項目は，鋼矢板に発生する曲げ応力度，頭部変位量，根入れ長である．本節では曲げ応力度と頭部変位量の照査方法について述べる．なお，許容値については，軽量鋼矢板（SS400）の許容曲げ応力度は 140 N/mm², 頭部変位量については表 5.2.1 の値を用いる．

（1）曲げ応力度の照査

鋼矢板に発生する曲げ応力度 σ_s を式（5.23）から求め，許容曲げ応力度 σ_{sa} と比較して照査する．断面係数には期待耐用年数後の板厚減少を考慮した想定板厚による断面係数 Z_{Fab} を用いる．

$$\sigma_s = \frac{M}{Z_{Fab}\,\alpha} \leq \sigma_{sa} \tag{5.23}$$

ここで，

- M ：照査断面に発生する曲げモーメント（N・mm）
- Z_{Fab} ：期待耐用年数後の腐食量，補修時の既設鋼矢板の断面欠損を考慮した単位幅の断面係数（mm³）
- α ：継手効率，曲げ応力度照査では 1.0 とする．
- σ_{sa} ：軽量鋼矢板（SS400）の場合 140（N/mm²）

（2）曲げ応力度の照査断面と作用モーメントの計算

5.2.6 で述べた既設鋼矢板水路と同様に照査断面および作用モーメントの計算を行う．

表 5.4.1　期待耐用年数後に当初性能を保持しているかの判定項目

項目	判定条件
①	将来的に当初設計時と現場条件変化なし
②	期待耐用年数経過後の鋼矢板の腐食代が 2mm 以下
③	著しい開孔，断面欠損が発生しないと想定
④	建設後，適用基準の改定がないと想定

第 5 章　鋼矢板水路の長寿命化における材料および設計の留意点　155

（3）期待耐用年数後の断面係数の計算

期待耐用年数後の鋼矢板水路の断面係数 Z_{Fab} は，式（5.24）により求める．

$$Z_{Fab} = Z_{F_a} - Z_b \tag{5.24}$$

$$Z_{Fa} = (Z_0 - a d_T) \times 10^3 \tag{5.13 再掲}$$

$$d_T = d_{ce} + d_{cf} \tag{5.25}$$

ここで，

Z_{Fab}　：期待耐用年数後の板厚減少および断面欠損を考慮した単位幅の断面係数
　　　　（mm^3）

Z_{Fa}　：期待耐用年数後の腐食厚 d_T を考慮した断面係数（mm^3）

Z_b　：既設鋼矢板の性能評価時に設定した断面欠損を考慮した断面係数（mm^3），
　　　　断面欠損がない場合は 0

Z_0　：腐食前の製品鋼矢板の断面係数（mm^3）

d_T　：鋼矢板の設置から期待耐用年数後までの鋼矢板の想定腐食厚（mm）

d_{ce}　：鋼矢板の設置から既設鋼矢板の性能評価時までに進行した鋼矢板の腐食厚
　　　　（mm）

d_{cf}　：既設鋼矢板の性能評価時から期待耐用年数後までに進行が想定される鋼矢
　　　　板の腐食厚（mm）

図 5.3.7 を用いて腐食前の製品鋼矢板の断面係数から腐食後の断面係数 Z_{Fa} および断面二次モーメント I_{Fa} を推定する方法を図 5.4.1 に示す．期待耐用期間後における腐食厚 d_T が求まれば，その時点の断面係数を推定することができる．

対策実施から期待供用期間に進行が予想される鋼矢板の腐食厚 d_{cf} は鋼矢板の腐食速度 v から求める．

$$d_{cf} = vT \tag{5.26}$$

ここで，

d_{cf}　：推定腐食厚さ（mm）

v　：腐食速度（mm/year）

T　：想定する供用期間（year）

である．v は現場調査および文献値から推定する．文献値の標準値を表 5.3.5 に示す．

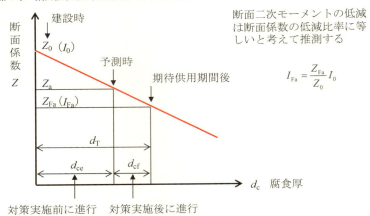

図 5.4.1 腐食厚による断面係数の低下

(4) 矢板頭部変位量

有機系被覆対策後の鋼矢板水路の頭部変位量の照査について述べる．計算方法は 5.3.5 (5) で述べた方法に準じる．ただし，鋼矢板の断面性能は腐食により変化するため断面二次モーメントおよび特性値 β は期待供用年数後の板厚減少を反映した I_{12} を用いる．I_{12} は土中での対策後の腐食による板厚減少を反映した値である．具体的には式 (5.13) に基づき断面二次モーメントを腐食厚により低減させる．鋼矢板水路壁部の断面二次モーメント I_3 についても同様に，対策後に進行した鋼矢板背面の腐食厚を反映した値を用いる．

5.4.3 パネル被覆工法対策後の性能評価

パネル被覆工法対策後の鋼矢板水路の性能評価について述べる．性能評価の基本的な仮定は有機系被覆と同様に，①補修部については期待耐用期間に腐食は進行せず板厚は減少しない，②補修部以外では板厚は減少する．である．パネル被覆工法ではこの①および②の仮定に加え，③既設鋼矢板水路側に設置したパネルの自重により鋼矢板に付加モーメント ΔM が作用する，となる．以上の仮定に基づくパネル工法対策後の鋼矢板の解析モデルを図 5.4.2 に示す．

パネル被覆工法では，パネル材と裏込め材の自重 W_c が鋼矢板の鉛直方向に作用し，鋼矢板に付加モーメント ΔM が発生すると仮定する．このため，パネル被覆工法では ΔM を考慮した性能評価を行う．

第 5 章　鋼矢板水路の長寿命化における材料および設計の留意点　157

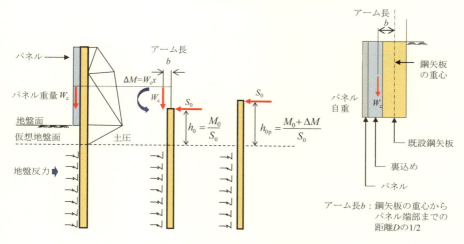

図 5.4.2　パネル被覆工法後の鋼矢板水路の解析モデル

　地盤および荷重条件は変化しないと仮定する．したがって，受働土圧と主働土圧が等しくなる面として算定される仮想地盤面の位置も変化しない．このため，土圧による集中荷重を受ける片持ち梁の解析モデルに新たに付加モーメント ΔM を追加すれば良い．ただし，ΔM が新たに加わるため全作用モーメント M_0 の値も変化し，全水平力の作用位置も h_0 から h_{0p} に変化することに注意が必要である．

　パネル材と裏込め材の自重 W_c の計算にはパネル材と裏込め材の重量を用いる．W_c の作用点としては，安全を見て図 5.4.2 に示すようにパネル端部に作用するものとする．よって，アーム長 b は鋼矢板の重心からパネル端部までの距離となる．

(1) 曲げ応力度の照査

　有機系被覆対策後の性能評価の作用曲げモーメントを求める式（5.23）に付加モーメント ΔM を加え，パネル被覆工法の作用モーメントとする．曲げ応力度の照査を式(5.27)に示す．変数は式（5.23）に準ずる．

$$\sigma_s = \frac{M + \Delta M}{Z_{ab} \alpha} \leq \sigma_{sa} \tag{5.27}$$

(2) 曲げ応力度の照査断面と作用モーメントの計算

　5.3.5 (2) で述べた既設鋼矢板と同じ照査断面にて鋼矢板の曲げ応力度の照査を行う．

作用モーメントについては 5.3.5 (2) で述べた土圧を集中荷重で置き換えた片持ち梁に作用するモーメントに付加モーメント ΔM を加算して計算する．

(3) 矢板頭部変位量

付加モーメント ΔM が加わることから，仮想地盤面から全水平力作用点までの距離が変化する．式 (5.19)～(5.21) の h_0 を式 (5.28) の h_{0p} に置き換えて計算する．

$$h_{0p} = \frac{M_0 + \Delta M}{S_0} \tag{5.28}$$

5.5 モデル鋼矢板水路の計算事例

5.5.1 新設時の性能照査

本節では，5.2 で述べた従来の設計手法に基づく自立式護岸の設計例を示す．5.2.9 で説明したモデル鋼矢板水路をここでも用いる．

(1) 新設時の鋼矢板の設計条件

計算モデルを図 5.5.1 に示す．壁高は 2.0 m，上載荷重 10.0 kN/m² の自立式護岸である．地下水位は設計地盤から 1.0 m 上にある．鋼矢板は軽量鋼矢板 E7 型（厚さ 7 mm）を用いる．地盤は砂地盤とし，地盤反力係数 K_h は 1.0×10^4 kN/m³（平均 N 値換算でほぼ 2.5）とした．計算条件を表 5.5.1，許容値を表 5.5.2 に示す．この条件のもと，Chang の方法に基づき鋼矢板の根入れ長 l_p，最大曲げモーメント M_{max}，その発生位置 l_m および頭部

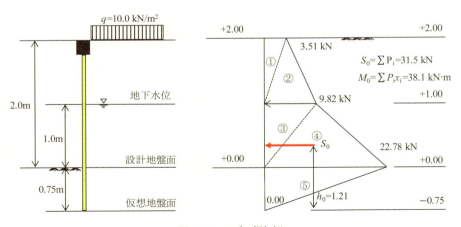

図 5.5.1　モデル鋼矢板

第5章 鋼矢板水路の長寿命化における材料および設計の留意点　159

表 5.5.1　モデル鋼矢板水路の計算条件

解析条件	当初設計		値	単位	備考
地盤条件 （砂質土）	湿潤単位体積重量	γ_t	18.0	kN/m³	
	水中単位体積重量	γ_{ws}	9.0	kN/m³	
	水の単位体積重量	γ_w	9.8	kN/m³	
	内部摩擦角	φ	25	°	
	地盤反力係数	K_h	1.0×10^4	kN/m³	
鋼矢板物性断面性能 （E7 型　厚さ 7mm）	弾性係数	E	2.0×10^8	kN/m²	
	断面二次モーメント	I	5.08×10^{-5}	m⁴	I_0：腐食前
			3.62×10^{-5}	m⁴	I：腐食後
	断面係数	Z	6.26×10^5	mm³	Z_0：腐食前
			4.52×10^5	mm³	Z：腐食後
継手効率		α	E7 型軽量鋼矢板を使用するので，根入れ計算では α=1.0 曲げ応力度計算では，I の計算時 α=1.0, 断面係数には α=1.0 頭部変位量の計算には α=1.0		

表 5.5.2　自立式護岸の許容値

項目	条件	許容値
許容曲げ応力度	軽量鋼矢板（SS400）E7 型	140 N/mm²
頭部変位量	壁高 m	許容変位量　m
	$0 \leqq h_w \leqq 4.0$	$h_w/40$
	$4.0 < h_w$	0.10

変位量 δ を計算する．

（2）仮想地盤面および外荷重の計算

　仮想地盤面および仮想地盤面より上の鋼矢板に作用する土圧および上載荷重による外荷重の計算は割愛する．計算結果を図 5.5.1 の右図に示す．結果は以下の通りである．

$$S_0 = \sum P_i = 31.5 \text{ kN}$$

$$M_0 = \sum P_i x_i = 38.1 \text{ kN・m}$$

$$h_0 = \frac{M_0}{S_0} = 1.21 \text{ m}$$

160　第5章　鋼矢板水路の長寿命化における材料および設計の留意点

(3) 最大曲げモーメントの計算

最大曲げモーメントは Chang の方法より計算する．

$$\beta = \sqrt[4]{\frac{K_h B}{4EI\alpha}} = \sqrt[4]{\frac{10,000 \times 1.0}{4 \times 2.0 \times 10^8 \times 3.62 \times 10^{-5} \times 1.0}} = 0.7666 \text{ m}^{-1}$$

$$M_{\max} = \frac{S_0}{2\beta}\sqrt{(1+2\beta h_0)^2 + 1} \cdot \exp\left(-\tan^{-1}\frac{1}{1+2\beta h_0}\right)$$

$$= \frac{31.5}{2 \times 0.7666}\sqrt{(1 + 2 \times 0.7666 \times 1.21)^2 + 1} \cdot \exp\left(-\tan^{-1}\frac{1}{1 + 2 \times 0.7666 \times 1.21}\right)$$

$$= -44.4 \text{ kN・m}$$

(4) 鋼矢板に発生する曲げ応力度の計算

断面係数には腐食後の値を用いる．

$$\sigma_s = \frac{M_{\max}}{Z\alpha} = \frac{44.4 \times 10^6}{4.52 \times 10^5 \times 1.0} = 98.2 \leq 140.0 \text{ N/mm}^2$$

(5) 根入れ長の計算

断面二次モーメントには腐食前の値を用いる．

$$\beta_0 = \sqrt[4]{\frac{K_h B}{4EI_0\alpha}} = \sqrt[4]{\frac{10,000 \times 1.0}{4 \times 2.0 \times 10^8 \times 5.08 \times 10^{-5} \times 1.0}} = 0.7043 \text{ m}^{-1}$$

$$l_p = \frac{3}{\beta_0} = \frac{3}{0.7043} = 4.26 \text{ m}$$

矢板の全長は，(壁高＋仮想地盤面までの深さ＋根入れ長) = 2.0 + 0.75 + 4.26 = 7.01 ≒ 7.0 m 以上であることが必要である．

(6) 矢板頭部変位量

断面二次モーメントには腐食後の値を用いる．

$$\beta = \sqrt[4]{\frac{K_h B}{4EI\alpha}} = \sqrt[4]{\frac{10,000 \times 1.0}{4 \times 2.0 \times 10^8 \times 3.62 \times 10^{-5} \times 1.0}} = 0.7666 \text{ m}^{-1}$$

第 5 章　鋼矢板水路の長寿命化における材料および設計の留意点　161

$$\delta_1 = \frac{(1 + \beta h_0)S_0}{2\beta^3 EI\alpha}$$

$$= \frac{(1 + 0.7666 \times 1.21) \times 31.5}{2 \times 0.7666^3 \times 2.00 \times 10^8 \times 3.62 \times 10^{-5} \times 1.0} = 0.0093 \text{ m}$$

$$\delta_2 = \frac{(1 + 2\beta h_0)S_0 h}{2\beta^2 EI\alpha}$$

$$= \frac{(1 + 2 \times 0.7666 \times 1.21) \times 31.5 \times 2.75}{2 \times 0.7666^2 \times 2.00 \times 10^8 \times 3.62 \times 10^{-5} \times 1.0} = 0.029 \text{ m}$$

$$\delta_3 = \frac{S_0 h_0^2 (3h - h_0)}{6EI\alpha}$$

$$= \frac{31.5 \times 1.21^2 \times (3 \times 2.75 - 1.21)}{6 \times 2.00 \times 10^8 \times 3.62 \times 10^{-5} \times 1.0} = 0.0075 \text{ m}$$

$$\delta = \delta_1 + \delta_2 + \delta_3 = 0.009 + 0.029 + 0.008 = 0.046 < 0.05 \text{ m}$$

5.5.2　既設鋼矢板の性能照査

前節で計算したモデル鋼矢板水路が完成後供用 30 年を経過したとして，既設鋼矢板の性能照査を行う．

（1）既設鋼矢板水路の設計条件

供用 30 年後も荷重および地盤条件に変化はないとする．鋼矢板については，供用 30 年間に進行した腐食状態を考慮した計算を行う．

（2）既設鋼矢板の腐食状況と当初性能を保持しているかの概査

1）現地調査による既設鋼矢板水路の性能概査

現地調査の結果，鋼矢板には著しい断面欠損は確認されなかった．また，鋼矢板の頭部変位量も許容変位量 50 mm（＝2.0 m/40）を満たしていた．以上から，補修対策が可能な鋼矢板水路として照査を開始する．

2）現地調査による性能概査

現地調査の結果から，当初性能を保持しているか判定する．判定結果を表 5.5.3 に示す．②および③の条件を満足しなかったため，板厚減少を考慮した鋼矢板水路の性能評価を行い，補修対策が可能か照査する．

（3）既設鋼矢板の腐食状況

供用 30 年後の鋼矢板腐食状況および荷重条件を図 5.5.2 に示す．照査の対象となる腐食箇所は，①水位変動部の開孔ありの腐食，②地上部の最大曲げモーメント部の腐食，③土中の腐食，④地上部背面の腐食である．各部分の腐食状態を表 5.5.4 に示す．

表 5.5.3 当初設計の性能を保持しているかの判定

項目	判定条件	判定	備考
①	当初設計と現場条件変化なし	○	変化なし
②	鋼矢板の腐食代が 2 mm 以下に収まっている	×	水位変動部で最大平均腐食厚 3 mm
③	著しい開孔, 断面欠損がない	×	水位変動部で断面欠損が見られた
④	建設後, 適用基準の改定がない	○	

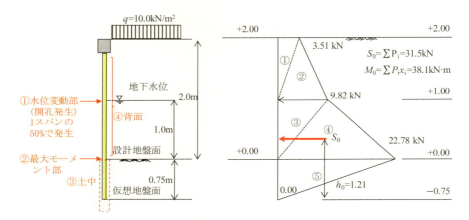

図 5.5.2 既設鋼矢板の腐食状況と荷重条件

表 5.5.4 既設鋼矢板の腐食状況

場所	推定方法	開孔	腐食厚 mm	備考
①水位変動部	板厚測定	有	3.0	水位変動部では換算開孔寸法(幅40mm×高さ40mm)の開孔が1スパンの50%で発生
②M_{max} 発生	板厚測定	無	1.5	M_{max} 付近での平均
③土中	文献	無	0.6	腐食速度を 0.01 mm/year とし30年供用後を想定
④背面	文献	無	0.3	

(4) 仮想地盤面および外荷重の計算

地盤および荷重条件の変化はないため, 仮想地盤面の位置および鋼矢板に作用する外荷重の変化はない. 計算結果を以下に示す.

第 5 章　鋼矢板水路の長寿命化における材料および設計の留意点　　163

$$S_0 = \sum P_i = 31.5 \text{ kN}$$

$$M_0 = \sum P_i x_i = 38.1 \text{ kN} \cdot \text{m}$$

$$h_0 = \frac{M_0}{S_0} = 1.21 \text{ m}$$

（5）照査断面の曲げモーメントの計算

5.3.5（2）で示した照査断面より上部に作用する集中荷重に照査断面からのアーム長を掛けて和をとり照査断面に作用する曲げモーメント M_x を求める．計算過程を表 5.5.5 に結果を図 5.5.3 に示す．

照査断面①（仮想地盤面から 1.75 m）の作用モーメント M_1 および設計地盤面②（仮想地盤面から 0.75 m）の作用モーメント M_2 は以下となる．

$$\begin{aligned} M_1 &= P_1(x_1 - 1.75) + P_2(x_2 - 1.75) \\ &= 1.8 \times (2.42 - 1.75) + 4.9 \times (2.08 - 1.75) \\ &= 2.82 \ \text{kN} \cdot \text{m} \end{aligned}$$

$$M_2 = 16.6 \ \text{kN} \cdot \text{m}, \ \text{表 5.5.5 から比例計算}$$

（6）照査断面の断面係数の計算

腐食厚を考慮した Z_a から開孔により減少した断面係数 $Z_{b,i}$ を考慮して照査断面での断

表 5.5.5　鋼矢板に作用する荷重と曲げモーメント

荷重	集中荷重作用点 m		集中荷重 kN	作用モーメント kN・m
	仮想地盤面を原点	設計地盤面を原点		
頭部	2.75	2.00	0.0	0.00
①	2.42	1.67	1.8	0.00
②	2.08	1.33	4.9	0.61
③	1.42	0.67	4.9	5.03
④	1.08	0.33	11.4	8.98
⑤	0.50	-0.25	8.5	22.32
仮想	0.00	-0.75	0.0	38.07

164　第 5 章　鋼矢板水路の長寿命化における材料および設計の留意点

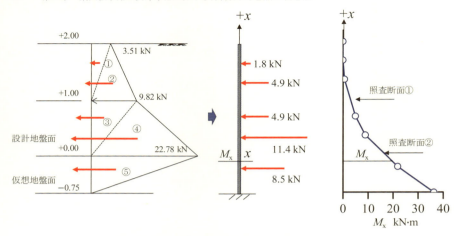

図 5.5.3　鋼矢板に作用する荷重と曲げモーメント

表 5.5.6　照査断面での腐食状況

照査断面	開孔	腐食厚 mm	備考
①水位変動部	有	3.0（水路側＋背面）	水位変動部で水路幅 1m あたりに換算開孔寸法（幅 40mm×高さ 40mm）の開孔が 1 スパンの半数で発生
②M_{max}発生部	無	1.5（水路側＋背面）	M_{max} 付近での平均

面係数 Z_{ab} を求める.

$$Z_{ab} = Z_a - Z_{b,i}$$

腐食の状況を表 5.5.6 に示す. 腐食厚を考慮した軽量鋼矢板 E7 型の断面係数 Z_a は図 5.3.7 および表 5.3.4 の E 型の係数を用いた.

$$Z_a = (626 - 89.8 d_c) \times 10^3$$

ここで,
　　Z_a　：腐食厚を考慮した断面係数（mm³）
　　d_c　：照査断面の腐食厚さ（mm）

第 5 章　鋼矢板水路の長寿命化における材料および設計の留意点　　165

$$Z_{a1} = (626 - 89.8 d_c) \times 10^3 = (626 - 89.8 \times 3.0) \times 10^3 = 3.57 \times 10^5 \ \text{mm}^3$$

$$Z_{a2} = (626 - 89.8 d_c) \times 10^3 = (626 - 89.8 \times 1.5) \times 10^3 = 4.91 \times 10^5 \ \text{mm}^3$$

　水位変動部では水路幅 1 m あたりに換算開孔寸法（幅 40 mm×高さ 40 mm）の開孔が 1 スパンの半数の鋼矢板で発生しているとする．開孔を考慮した断面係数は式（5.18）を鋼矢板水路の有効高さ e で割ることで計算できる．ただし E 型軽量鋼矢板であるため e は有効高さの 1/2 を用いる．開孔を考慮した断面係数 $Z_{b,1}$ の値は次式から求まる．開孔部の条件と計算結果を表 5.5.7 に示す．

$$Z_{b,1} = \frac{\lambda \overline{w}}{Be}\left(\frac{\overline{d_c}^3}{12} + \overline{d_c}(e - \frac{\overline{d_c}}{2})^2 \right) = \frac{0.5 \times 40}{0.5 \times 80}\left(\frac{4^3}{12} + 4 \times (80 - \frac{4}{2})^2 \right)$$

$$= 1.22 \times 10^4 \ \text{mm}^3$$

　今回は鋼矢板に完全に孔が開いてる場合を想定した．この場合の腐食厚 $\overline{d_c}$ は照査時点での断面欠損付近の平均残存板厚と等しい．したがって，平均残存板厚を製品板厚（7 mm）－断面欠損付近の腐食厚（3 mm）＝4.0 mm として計算する．各照査断面の残存板厚および開孔を考慮した Z_{ab} を表 5.5.8 に示す．

(7) 照査断面の曲げ応力度の照査

　断面係数には照査箇所での Z_{ab} を用いる．共に許容曲げ応力度以下となる．

表 5.5.7　開孔条件と開孔を考慮した断面係数 $Z_{b,1}$

λ	$\overline{w}$ mm	B m	e mm	$\overline{d_c}$ mm	$Z_{b,1}$ mm³/m
0.5	40	0.5	80	4.0	1.22×10^4

表 5.5.8　残存板厚による照査断面の断面係数

照査断面	Z_a 腐食後の断面係数 mm³	$Z_{b,i}$ 開孔部の断面係数 mm³	Z_{ab} 照査断面の断面係数 mm³
①水位変動部	3.57×10^5	1.22×10^4	3.44×10^5 (Z_{ab1})
②M_{max} 発生部	4.91×10^5	0	4.91×10^5 (Z_{ab2})

①水位変動部　　$\sigma_s = \dfrac{M_1}{Z_{ab1}\alpha} = \dfrac{2.82 \times 10^6}{3.44 \times 10^5 \times 1.0} = 8.2 \leq 140.0 \text{ N/mm}^2$

②M_{max}発生部　　$\sigma_s = \dfrac{M_2}{Z_{ab2}\alpha} = \dfrac{16.6 \times 10^6}{4.91 \times 10^5 \times 1.0} = 33.8 \leq 140.0 \text{ N/mm}^2$

(8) 矢板頭部変位量
1) 既設鋼矢板水路全体の腐食状況
既設鋼矢板水路の腐食状況を表5.5.9および図5.5.5に示す.

2) 土中部の断面二次モーメントの計算
土中部での腐食厚d_cから断面係数Z_aを求め,腐食前の断面係数Z_0から低減係数$\eta = Z_a/Z_0$を求め,腐食前の断面二次モーメントI_0に乗じて土中部の断面二次モーメントI_{12}を求める.

表5.5.9　鋼矢板水路全体の腐食状況

腐食部位	開孔	腐食厚 mm	備考
①水位変動部	有	3.0	水位変動部では水路幅1 mあたりに換算幅40 mm×換算高さ40 mmの開孔が1スパンの半数で発生
③M_{max}発生部	無	1.5	M_{max}付近での平均
④壁部平均	無	2.0	水位変動部を除いた水路側および背面の平均腐食厚の和
⑤土中	無	0.6	腐食速度0.01 mm/year×30年×2（水路側と背面の2面）= 0.6 mm

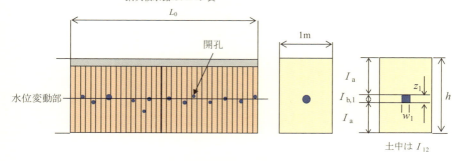

図5.5.5　既設鋼矢板全体の腐食状況とモデル化

第5章　鋼矢板水路の長寿命化における材料および設計の留意点　　167

$$Z_a = (626 - 89.8d_c) \times 10^3$$

$$\eta = \frac{Z_a}{Z_0}$$

$$I_{12} = \eta I_0$$

表 5.5.10　土中の断面二次モーメント I_{12}

I_0 m^4	d_c mm	η	I_{12} m^4
5.08×10^{-5}	0.6	0.915	4.65×10^{-5}

ここで,

Z_0　　：腐食前の鋼矢板の断面係数（mm³）

Z_a　　：腐食厚さ d_c に対する鋼矢板の断面係数（mm³）

I_0　　：腐食前の鋼矢板の断面二次モーメント（m⁴）

I_{12}　　：土中部の鋼矢板の断面二次モーメント（m⁴）

結果を表 5.5.10 に示す.

3）鋼矢板水路壁部の平均断面二次モーメントの計算

水路壁部の断面二次モーメント I_3 は図 5.5.5 に示す壁部全体の腐食状況を水路幅 1 m に平均したモデルを基に計算する. 開孔が発生していない部分の断面二次モーメント I_a は土中部と同様に腐食厚 d_c から低減係数 η を求め算定する. 水位変動部の断面二次モーメント $I_{b,1}$ は表 5.5.8 で求めた水位変動部の断面係数 Z_{ab} を用いて低減係数 $\eta = Z_{ab}/Z_0$ から比例計算により求める. 壁部の平均断面二次モーメント I_3 は, 開孔部と開孔が発生していない部分の区間距離に応じた比例計算を行い求める. I_a は腐食厚を 2.0 mm として算定する. 結果を表 5.5.11～13 に示す.

表 5.5.11　水路壁部の平均板厚減少を考慮した断面二次モーメント I_a

I_0 m^4	d_c mm	η	I_a m^4
5.08×10^{-5}	2.0	0.714	3.63×10^{-5}

表 5.5.12　水位変動部の断面欠損を考慮した断面二次モーメント $I_{b,1}$

I_0 m^4	Z_{ab} mm^3	η	$I_{b,1}$ m^4
5.08×10^{-5}	3.44×10^{-5}	0.551	2.80×10^{-5}

表 5.5.13　水路壁部の腐食後の平均断面二次モーメント I_3

計算部分	換算距離 z_i m	I_a m^4	$I_{b,1}$ m^4	I_3 m^4
水位変動部	0.04	3.63×10^{-5}	—	3.61×10^{-5}
変動部以外	1.96	—	2.80×10^{-5}	

$$I_3 = \frac{I_{b,1}z_1 + I_a(h - z_1)}{h_w}$$

$$= \frac{2.80 \times 10^{-5} \times 0.04 + 3.63 \times 10^{-5}(2.0 - 0.04)}{2.0}$$

$$= 3.61 \times 10^{-5} \ \text{m}^{-4}$$

4) 矢板頭部変位量

断面二次モーメントには腐食後の値 I_{12}, I_3 を用いる.

$$\beta = \sqrt[4]{\frac{K_h B}{4EI_{12}\alpha}} = \sqrt[4]{\frac{10{,}000 \times 1.0}{4 \times 2.0 \times 10^8 \times 4.65 \times 10^{-5} \times 1.0}} = 0.720 \ \text{m}^{-1}$$

$$\delta_1 = \frac{(1 + \beta h_0)S_0}{2\beta^3 EI_{12}\alpha}$$

$$= \frac{(1 + 0.720 \times 1.21) \times 31.5}{2 \times 0.720^3 \times 2.00 \times 10^8 \times 4.65 \times 10^{-5} \times 1.0} = 0.0085 \ \text{m}$$

$$\delta_2 = \frac{(1 + 2\beta h_0)S_0 h}{2\beta^2 EI_{12}\alpha}$$

$$= \frac{(1 + 2 \times 0.720 \times 1.21) \times 31.5 \times 2.75}{2 \times 0.720^2 \times 2.00 \times 10^8 \times 4.65 \times 10^{-5} \times 1.0} = 0.0246 \ \text{m}$$

$$\delta_3 = \frac{S_0 h_0{}^2(3h - h_0)}{6EI_3\alpha}$$

$$= \frac{31.5 \times 1.21^2 \times (3 \times 2.75 - 1.21)}{6 \times 2.00 \times 10^8 \times 3.61 \times 10^{-5} \times 1.0} = 0.0075 \ \text{m}$$

$$\delta = \delta_1 + \delta_2 + \delta_3 = 0.009 + 0.025 + 0.008 = 0.042 < 0.05 \ \text{m}$$

5.5.3　対策実施後の板厚減少を考慮した性能照査

前節で計算した供用 30 年が経過したモデル鋼矢板水路をパネル被覆工により補修したと仮定し，その後の期待耐用年数 30 年間に性能が保持されるかを判定するための性能照査について述べる.

(1) パネル被覆工法で補修されたモデル鋼矢板水路の設計条件

期待耐用年数 30 年間には荷重および地盤条件に変化はないとする．鋼矢板については，期待耐用年数 30 年間に進行した腐食状態を考慮して計算を行う．モデル鋼矢板水路および想定腐食状況を図 5.5.6 に示す．

鋼矢板の腐食進行は土中，矢板背面ともに腐食速度は 0.01 mm/year とする．30 年間の腐食厚は 0.3 mm と推定される．パネル被覆の自重 W_c はパネル材と裏込め材の合計とし，パネルの高さ 1.6 m に対して W_c = 9.2 kN/m とする．自重の作用点については，鋼矢板の重心からパネル端部までの距離の 1/2 をアーム長 b とする．モデル鋼矢板水路では軽量鋼矢板 E 型を想定しているため，鋼矢板の有効高さ e = 0.16 m の 1/2 である 0.08 m と裏込めおよびパネルの厚さ 0.28 m を足した距離 0.36 m の 1/2 がアーム長 b となる．b = 0.18 m と仮定する．

(2) 照査断面の曲げモーメントの計算

照査断面は①水位変動断面および②地上部の最大曲げモーメント発生断面とする．また，パネル被覆工法の実施により土圧分布は変化しないと仮定する．そのため仮想地盤面の位置は変化しない．一方，鋼矢板には被覆工の自重による付加モーメント ΔM が作用すると考える．

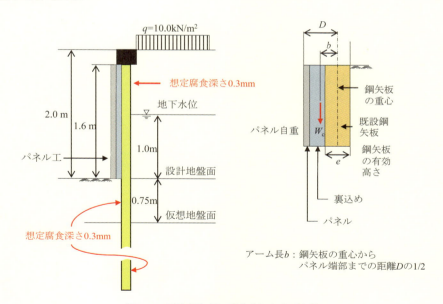

図 5.5.6 既存鋼矢板の腐食状況と荷重条件

$$\Delta M = W_c b$$

ここで,

W_c　　　：パネル材と裏込め材の重量（kN）

b　　　：アーム長，パネル被覆工端部から鋼矢板の重心までの距離の 1/2（m）

モデル鋼矢板水路での付加モーメントは

$$\Delta M = 9.2 \times 0.18 = 1.66 \ \text{kN} \cdot \text{m}$$

この付加モーメントが表 5.6.3 および図 5.6.3 の曲げモーメント図に加算される．照査断面①（仮想地盤面から 1.75 m）の作用モーメント M_1 および設計地盤面②（仮想地盤面から 0.75 m）の作用モーメント M_2 を以下に示す．

$$
\begin{aligned}
M_1 &= P_1(x_1 - 1.75) + P_2(x_2 - 1.75) + 1.66 \\
&= 1.8 \times (2.42 - 1.75) + 4.9 \times (2.08 - 1.75) + 1.66 \\
&= 2.82 + 1.66 = 4.48 \ \text{kN} \cdot \text{m} \\
M_2 &= 16.6 + 1.66 = 18.26 \ \text{kN} \cdot \text{m}
\end{aligned}
$$

となる．

(3) 照査断面の断面係数の計算

腐食厚を考慮した Z_a から断面欠損を考慮した Z_b を引き照査断面での断面係数 Z_{ab} を求める．

$$Z_{ab} = Z_a - Z_{b,1}$$

照査断面の期待耐用年数 30 年後の想定腐食厚を表 5.5.14 に示す．軽量鋼矢板 E7 型と腐食厚の関係式より期待耐用年数 30 年後の各照査断面での平均的な板厚減少により低下した断面係数 Z_a を求める．

$$Z_a = (626 - 89.8 d_c) \times 10^3$$

ここで，

Z_a　　　：腐食厚を考慮した断面係数（mm³）

d_c　　　：照査断面の腐食厚さ（mm）

第5章　鋼矢板水路の長寿命化における材料および設計の留意点　171

表 5.5.14　鋼矢板の腐食状況

腐食部位	開孔	腐食厚　mm		備考
		対策前	期待耐用年数 30 年後	
①水位変動部	有	3.0	3.3	対策時に水位変動部では水路幅 1 m あたりに換算開孔寸法（幅 40 mm×高さ 40 mm）の開孔が 1 スパンの半数で発生
②M_{max} 部	無	1.5	1.8	M_{max} 付近での平均
③壁部	無	2.0	2.3	背面で 30 年間で 0.3 mm 腐食が進むと考える
④土中部	無	0.6	1.2	30 年間で水路側と背面 0.3 mm ずつ合計 0.6 mm 腐食が進むものとする

表 5.5.15　条件と開孔を考慮した断面係数 $Z_{b,1}$

λ	$\overline{w}$	B	e	$\overline{d_c}$	$Z_{b,1}$
	mm	m	mm	mm	mm³
0.5	40	0.5	80	3.7	1.13×10^4

$$Z_{a1} = (626 - 89.8 d_c) \times 10^3 = (626 - 89.8 \times 3.3) \times 10^3 = 3.29 \times 10^5 \text{ mm}^3$$

$$Z_{a2} = (626 - 89.8 d_c) \times 10^3 = (626 - 89.8 \times 1.8) \times 10^3 = 4.64 \times 10^5 \text{ mm}^3$$

　水位変動部の開孔を考慮した断面係数 Z_b は 5.5.2（5）と同様に計算する．$\overline{d_c}$ は照査時点での断面欠損部付近の平均残存板厚となる．平均残存板厚は製品板厚 7 mm － 30 年後の想定腐食厚 3.3 mm ＝ 3.7 mm として計算した．結果を表 5.5.15 に示す．

$$Z_{b,1} = \frac{\lambda \overline{w}}{Be}\left(\frac{\overline{d_c}^3}{12} + \overline{d_c}\left(e - \frac{\overline{d_c}}{2}\right)^2\right) = \frac{0.5 \times 40}{0.5 \times 80}\left(\frac{3.7^3}{12} + 3.7 \times \left(80 - \frac{3.7}{2}\right)^2\right)$$

$$= 1.13 \times 10^4 \text{ mm}^3$$

（4）照査断面での曲げ応力度の照査

　断面係数には表 5.5.16 に示す照査箇所の Z_{ab} を用いる．ともに許容曲げ応力度以下となる．

172   第 5 章   鋼矢板水路の長寿命化における材料および設計の留意点

表 5.5.16   照査断面の断面係数

照査断面	Z_a 腐食後の断面係数 mm³	$Z_{b,i}$ 開孔部の断面係数 mm³	Z_{ab} 照査断面の断面係数 mm³
①水位変動部	3.29×10^5	1.13×10^4	3.18×10^5 (Z_{ab1})
②M_{max} 発生部	4.64×10^5	0	4.64×10^5 (Z_{ab2})

①水位変動部 $\sigma_s = \dfrac{M_1}{Z_{ab1}\,\alpha} = \dfrac{4.48 \times 10^6}{3.18 \times 10^5 \times 1.0} = 14.1 \leq 140.0 \ \text{N/mm}^2$

②M_{max} 発生部 $\sigma_s = \dfrac{M_2}{Z_{ab2}\,\alpha} = \dfrac{18.26 \times 10^6}{4.64 \times 10^5 \times 1.0} = 39.3 \leq 140.0 \ \text{N/mm}^2$

(5) 矢板頭部変位量の計算

1) 鋼矢板水路全体の腐食状況

鋼矢板水路全体の腐食状況を表 5.5.14 に示す.

2) 土中部の断面二次モーメントの計算

土中部では期待耐用年数30年後の鋼矢板の表裏面の腐食厚が合計 1.2 mm になるとして,断面二次モーメント I_{12} を求める.結果を表 5.5.17 に示す.

$$I_{12} = \eta I_0 = \frac{Z_a}{Z_0} I_0 = \frac{(626 - 89.8 d_c)}{626} I_0$$

$$= \frac{(626 - 89.8 \times 1.2)}{626} \times 5.08 \times 10^{-5} = 4.21 \times 10^{-5} \ \text{m}^4$$

3) 鋼矢板水路壁部の腐食後の断面二次モーメントの計算

I_3 は図 5.5.5 のモデルを基に計算する.水路壁部の平均的な腐食による断面二次モーメント I_a は土中部と同様に腐食厚 d_c から算定する.開孔が生じている水位変動部では開孔を考慮した断面二次モーメント $I_{b,1}$ を用いる.I_3 は,開孔部と開孔が発生していない部分の区間長に応じた比例計算により求める.鋼矢板の地上部背面で 30 年間に腐食が

表 5.5.17   土中の断面二次モーメント

I_0 m⁴	d_c mm	η	I_{12} m⁴
5.08×10^{-5}	1.2	0.829	4.21×10^{-5}

第5章　鋼矢板水路の長寿命化における材料および設計の留意点　173

表5.5.18　壁部の平均的な断面二次モーメント I_a

I_0 m⁴	d_c mm	η	I_{12} m⁴
5.08×10^{-5}	2.3	0.671	3.41×10^{-5}

表5.5.19　断面欠損を考慮した断面二次モーメント $I_{b,1}$

I_0 m⁴	Z_{ab} mm³	η	$I_{b,1}$ m⁴
5.08×10^{-5}	3.44×10^{-5}	0.551	2.80×10^{-5}

表5.5.20　水路壁の平均断面二次モーメント I_3

計算部分	換算距離　z_i m	I_a m⁴	$I_{b,1}$ m⁴	I_3 m⁴
水位変動部	0.04	2.80×10^{-5}	—	3.39×10^{-5}
変動部以外	1.96	—	3.41×10^{-5}	

0.3 mm進行すると仮定し想定腐食厚を $2.0 + 0.3 = 2.3$ mmとして I_a を計算する．$I_{b,1}$ は対策時と変化がないとし表5.5.12の値を用いる．結果を表5.5.18〜20に示す．

$$I_3 = \frac{z_1 I_{b,1} + I_a(h - z_1)}{h_w}$$

$$= \frac{0.04 \times 2.80 \times 10^{-5} + 3.41 \times 10^{-5} \times 1.96}{2.0} = 3.40 \times 10^{-5} \text{ m}^4$$

4）矢板頭部変位量

断面二次モーメントには腐食後の値を用いる．また，付加モーメント ΔM のため全水平力の作用点が変化することに注意が必要である．

$$\beta = \sqrt[4]{\frac{K_h B}{4EI_{12}\alpha}} = \sqrt[4]{\frac{10,000 \times 1.0}{4 \times 2.0 \times 10^8 \times 4.21 \times 10^{-5} \times 1.0}} = 0.7381 \text{ m}^{-1}$$

$$h_{0_p} = \frac{M_0 + \Delta M}{S_0} = \frac{38.1 + 1.66}{31.5} = 1.26 \text{ m}$$

$$\delta_1 = \frac{\left(1 + \beta h_{0_\mathrm{p}}\right) S_0}{2\beta^3 E I_{12}\alpha}$$

$$= \frac{(1 + 0.7381 \times 1.26) \times 31.5}{2 \times 0.7381^3 \times 2.00 \times 10^8 \times 4.21 \times 10^{-5} \times 1.0} = 0.0090 \text{ m}$$

$$\delta_2 = \frac{\left(1 + 2\beta h_{0_\mathrm{p}}\right) S_0 h}{2\beta^2 E I_{12}\alpha}$$

$$= \frac{(1 + 2 \times 0.738 \times 1.26) \times 31.5 \times 2.75}{2 \times 0.738^2 \times 2.00 \times 10^8 \times 4.21 \times 10^{-5} \times 1.0} = 0.0270 \text{ m}$$

$$\delta_3 = \frac{S_0 h_{0_\mathrm{p}}^{~2}\left(3h - h_{0_\mathrm{p}}\right)}{6 E I_3 \alpha}$$

$$= \frac{31.5 \times 1.26^2 \times (3 \times 2.75 - 1.26)}{6 \times 2.00 \times 10^8 \times 3.39 \times 10^{-5} \times 1.0} = 0.0086 \text{ m}$$

$$\delta = \delta_1 + \delta_2 + \delta_3 = 0.009 + 0.027 + 0.009 = 0.045 < 0.05 \text{ m}$$

5.6 鋼板溶接による構造断面の耐久性評価

5.6.1 構造断面の耐久性評価

腐食鋼矢板表面に各種被覆材を施すことは，既設施設の長期耐久性を向上させるものと考えられるが，補修設計を考えている構造断面の適否を施設実態とともに，応力場における変形挙動と損傷蓄積の特徴を設計段階で把握する必要がある．5.6 においては，鋼矢板－鉄筋コンクリート複合材 [10-12] と断面欠損 [13] を有する既設鋼矢板に鋼板溶接を事例に構造断面の耐久性評価の試みを紹介する．

既設施設の補修設計では，鋼矢板の腐食実態とその分布が複合構造の長期耐久性に影響を及ぼす．補修工の適用は，既設鋼矢板の腐食代が残存していることが前提であり(3.2)，さびの進行により層状の剥離が観察できるなど補修断面が確保できない場合は，補強工ないし施設更新を選択する必要がある．補修工を適用する場合，鋼矢板表面のブラスト処理などによる腐食生成物の除去が必要であり，処理後の鋼板厚分布を詳細に把握が不可欠である．一般的に腐食が水位変動部において進行することから，既設施設では補修断面の不均一性が高く，設置環境において同一応力場においても新設時とは異なる挙動が予想される．このことから，構造断面の長期耐久性を考慮するためには，設計

第5章　鋼矢板水路の長寿命化における材料および設計の留意点　　175

断面の最大応力に加えて，（1）低応力下での損傷蓄積の特徴，（2）その際の破壊モード
と変形挙動の関係を実証的に把握する必要がある．そこで本節では，曲げ応力を受ける
補修部材を対象に変形とひび割れ発生を画像解析により検出し，ひび割れの破壊モード
を AE 法により検出・評価した試みを示す．

5.6.2　鋼矢板－コンクリート複合材の耐久性評価

（1）実証的検討の狙い

　不均一な腐食が進行した鋼矢板では，各種応力場において均一な応力ひずみ挙動を得
ることは困難である．長期耐久性能を設計断面に期待する場合，事前に補修工の設計断
面の応力ひずみ挙動とひび割れ進展に代表される各載荷段階の損傷蓄積，破壊運動の評
価が不可欠である．筆者らは，画像解析と弾性波法による損傷コンクリートの実態評価
や補修断面のひび割れ発展特性に関する試験研究を進めており，両非破壊検査手法の有
用性を確認している[14-17]．

　補修工に関する構造断面の耐力評価における技術課題は，複数の材料を組み合わせて
部材を構築していることから同一荷重を受ける場合においても変形挙動が異なる点に
ある．加えて，既設鋼矢板の板厚が不均一であることから前述の通り応力集中に伴う低
応力下における破壊の集中が懸念される．このことから，一般的に行われているひずみ
ゲージを用いた点的計測ではなく，面的な変形挙動の計測と供試体内部の破壊位置とそ
の運動の同定が不可欠であると言える．面的変形計測は，画像解析手法の中でも2台の
高速度カメラを用いたデジタル画像相関法（Digital Image Correlation Method, DICM）[18]
により実施した．供試体内部の破壊位置とその運動の同定は，AE 法により実施した．
AE 源位置標定は多チャンネル AE 位置標定法[19] により実施し，破壊運動解析は大津ら
が提案したモーメント・テンソル解析コードである SiGMA 解析[20] を実施した．

（2）実験・解析方法

1）供試体

　供試体は，幅 1,500 mm，高さ 300 mm，奥行き 357 mm の鋼矢板－コンクリート複合
材として実験室内で製作した．実験ケースは Case 1 から Case 6 までの 6 ケースである
（図 5.6.1）．Case 1～Case 4 はコンクリート・パネルと鋼矢板との間にトラス筋を構築
し，鉄筋コンクリートとした．Case 5～Case 6 は，充填材を無筋コンクリートとした．
Case 1～Case 4 では鉄筋コンクリート表面に幅 1,500 mm，高さ 60 mm，奥行き 357 mm
のコンクリート・パネル（二次製品）を配置した．鉄筋の配置はトラス状（以後，トラ

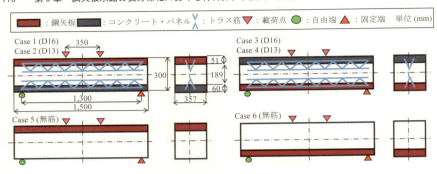

図 5.6.1　実験ケース

ス筋と記す）に行った（鉄筋降伏強度：295 N/mm^2）．コンクリート・パネルの材料条件は，設計基準強度 40 N/mm^2（材齢 14 日），スランプ値 8 cm，骨材最大寸法 15 mm，空気量 4.5±1.5% とした．使用セメントは，普通ポルトランドセメントである．供試体製作は，新品の鋼矢板にトラス筋を溶接し，鋼矢板とコンクリート・パネルとの間にコンクリートを充填して作製した．充填コンクリートは，設計基準強度 24 N/mm2（材齢 28 日），スランプ値 8 cm，粗骨材最大寸法 25 mm，空気量 5.5±1.5% で配合設計した．

　各検討ケースの特徴は，Case 1 が圧縮側に鋼矢板，引張側にコンクリート・パネルを設置した．トラス筋は D16 を用いた．Case 2 は圧縮側に鋼矢板，引張側にコンクリート・パネルとし，トラス筋は D13 を用いた．Case 3 は圧縮側にコンクリート・パネルを設置し，引張側に鋼矢板，トラス筋は D16 を用いた．Case 4 は圧縮側にコンクリート・パネルを，引張側に鋼矢板，トラス筋は D13 を用いて設置した．Case 5 および Case 6 は無筋コンクリートであり，Case 5 は圧縮側に鋼矢板，Case 6 は引張側に鋼矢板とした．
各検討ケースは，低応力下の構造断面に発生する応力場を精緻に再現するために設定したものである．本書では，6 ケースの中でも Case 4 と Case 6 を比較することにより，コンクリート被覆単体（Case 6）とコンクリート・パネルと鉄筋コンクリートを鋼矢板表面に設置した場合（Case 4）の曲げ応力場での相違を考察する．

2）4 点曲げ載荷試験

　変位制御下で 4 点曲げ載荷試験を実施した．載荷速度は供試体ごとに異なり，Case 1 では 0.5 mm/min で 10.0 mm まで載荷した後に変位が 40 mm になるまで 1.0 mm/min で載荷した．その後，1.0 mm/min で除荷した．Case 2, Case 3, Case 4 では 0.2 mm/min で 10.0

mm まで載荷した後に変位が 40 mm になるまで 1.0 mm/min で載荷した．その後 1.0 mm/min で除荷した．Case 5 では 0.1 mm/min 載荷し荷重が低下した後に 2.0 mm/min で載荷した．その後，1.0 mm/min で除荷した．Case 6 では 0.2 mm/min で載荷し荷重が落ちた後に 1.0 mm/min で載荷した．その後，1.0 mm/min で除荷した．

3) AE 計測

AE 計測は画像解析範囲の曲げひび割れの発生位置とその破壊運動を検出・評価するために実施した（図 5.6.2）．AE の計測装置は SAMOS（PAC 社製）である．AE センサは画像解析範囲を中心に 8 個設置し，150 kHz 共振型センサを用いた．その際，しきい値を 42 dB，増幅値を 60 dB とした．検出波の周波数帯域は 5～400 kHz とした．計測条件は既往研究[21]を参照し，AE-SiGMA 解析を行える計測条件とした．

AE 解析では，検出波の特徴を AE パラメータ解析により定量評価した．使用した AE パラメータは，AE ヒット数および AE エネルギである．AE 発生挙動は，微小ひび割れの発生過程と対応しており，その指標である AE ヒット数は単位時間当たりの AE 発生

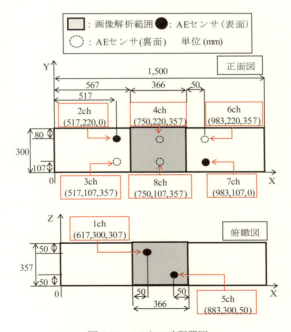

図 5.6.2　AE センサ配置図

178 第5章 鋼矢板水路の長寿命化における材料および設計の留意点

挙動を評価する指標であり，載荷過程を定量評価するための優れた指標である．AE エネルギは，検出波の規模を評価する指標であり次式により算出した[22]．

$$E_{\mathrm{AE}} = \left(\alpha_{\mathrm{p}}\right)^2 \tag{5.29}$$

ここで，

α_{p}：AE 信号の最大振幅値

8 センサにより検出した AE 波を用いて，モーメント・テンソル解析の実用的な解析法として大津ら[20]によって提案されている SiGMA 解析により曲げ破壊運動の解析的検討を試みた．

モーメント・テンソルは 2 階のテンソルで，等方性材料では，AE 波の発生源となったマイクロクラックの面が運動した方向をベクトル l，その法線ベクトルを n とすると式（5.30）で表すことができる．

$$m_{\mathrm{pq}} = \left(\lambda l_k n_k \delta_{\mathrm{pq}} + \mu l_{\mathrm{p}} n_{\mathrm{q}} + \mu l_{\mathrm{q}} n_{\mathrm{p}}\right)\Delta V \tag{5.30}$$

ここで，λ と μ はラメの定数，δ はクロネッカーのデルタ記号である．ΔV は相対変位量のクラック面上で積分して得られる体積量を表している．モーメント・テンソルは 2 階のテンソルであるので，固有値解析を行い，主値と主方向を知ることができる．固有値および固有ベクトルは式（5.31）および式（5.32）で表される．

$$
\begin{aligned}
&\text{第 1（最大）固有値} \quad && e_1 = \mu b\left(\frac{l_k n_k}{1-2v} + 1\right)\Delta V \\[4pt]
&\text{第 2（最小）固有値} \quad && e_2 = 2\mu bv\frac{l_k n_k}{1-2v}\Delta V \\[4pt]
&\text{第 3（中間）固有値} \quad && e_3 = \mu b\left(\frac{l_k n_k}{1-2v} - 1\right)\Delta V
\end{aligned} \tag{5.31}
$$

$$
\begin{aligned}
&\text{第 1 固有ベクトル} \quad && e_1 = \boldsymbol{l} + \boldsymbol{n} \\
&\text{第 2 固有ベクトル} \quad && e_2 = \boldsymbol{l} \times \boldsymbol{n} \\
&\text{第 3 固有ベクトル} \quad && e_3 = \boldsymbol{l} - \boldsymbol{n}
\end{aligned} \tag{5.32}
$$

ここで，クラック面の運動ベクトル $\boldsymbol{b}$ を大きさ b と方向ベクトル $\boldsymbol{l}$ の積 $\boldsymbol{b} = b\boldsymbol{l}$ とする．モーメント・テンソルの固有値は，せん断成分 X，引張偏差成分 Y および引張静水圧成

第 5 章　鋼矢板水路の長寿命化における材料および設計の留意点　179

分 Z の 3 つの成分に分解される．SiGMA 解析では，モーメント・テンソル成分を決定したのち，固有値解析を行って，せん断率を $R_s = X/(X+Y+Z)$ と定義し，固有値からせん断率 R_s を算出している．ひび割れをせん断率により，引張ひび割れ，せん断ひび割れおよび混合型ひび割れに分類している．分類を以下に示す．

$$Rs < 40\% \qquad\qquad 引張ひび割れ$$
$$40\% \leq Rs \leq 60\% \qquad 混合型ひび割れ \qquad\qquad\qquad (5.33)$$
$$60\% < Rs \qquad\qquad せん断ひび割れ$$

4）画像計測

曲げ載荷時の変形挙動を DICM で計測した．DICM は測定対象物表面を 2 台の CCD カメラで撮影したデジタル画像を解析することにより，変位量とその方向を推定する解析手法である[18]．解析原理は測定対象物表面の計測範囲にスプレーなどで不定形ドット（ランダムパターン）を施し，測定対象物の画素群の移動量を追跡することにより，応力場の各種変形を同定するものである．画像計測は図 5.6.2 に示す範囲で行った．画像は 0.2 秒毎に撮影した．ひずみ分布の解析においてはサブセットを 21 pixel に設定した．

解析的検討は，変形後のサブセットを対象に変形前のサブセットの輝度値分布と高い相関性を示すサブセットを数値解析で探索し，サブセット中心の点の移動より変位方向，変位量を算出した．本実験では，この処理を全ての小領域で繰り返すことによって得た変位データを利用して，ひずみ分布を算出した．

（3）実験・解析結果

1）鋼矢板－コンクリート複合材の力学特性

各ケースの曲げ載荷試験の結果を表 5.6.1 に示す．鋼矢板が圧縮側，引張側のどちらにある場合もトラス筋とコンクリート・パネルを導入することで曲げ強度が約 3～4 倍増加した．トラス筋とコンクリート・パネルを導入した Case 1～4 では引張側に鋼矢板がある Case 3 と Case 4 が，圧縮側に鋼矢板を設置した Case 1 と Case 2 よりも曲げ強度が増加した．トラス筋は D16 を用いた Case 1 と Case 3 が，D13 を用いた Case 2 と Case 4 と比較して曲げ強度が増加した．残留変位量はトラス筋を挿入した供試体では約 23～30 mm であったのに対して，無筋コンクリート供試体では Case 5 が約 7 mm，Case 6 が約 18 mm であり，構造断面の材料構成と荷重変位挙動との密接な関連が示唆された．

そこで本書では，鉄筋コンクリートと無筋コンクリートの相違を比較検討するために

表 5.6.1 力学特性一覧

ケース	最大荷重 kN	曲げ強度 N/mm²	最大変位量 mm	残留変位 mm
Case 1	227.70	9.41	33.84	23.64
Case 2	211.30	8.70	33.76	23.98
Case 3	360.14	14.75	30.71	32.62
Case 4	273.54	11.39	20.30	23.99
Case 5	92.95	3.79	1.61	7.01
Case 6	84.10	3.44	1.73	18.25

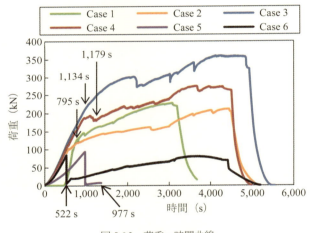

図 5.6.3 荷重－時間曲線

Case 4 と Case 6 の事例を中心に以下の考察を進める．図 5.6.3 に曲げ載荷過程の荷重-時間曲線を示す．検討の結果，Case 1 と Case 2 では 795 秒で初めて荷重が低下した．荷重-時間曲線における荷重の低下は，ひび割れ発生に伴う応力解放を意味している．本実験では，画像計測面にひび割れが発生した場合，局所ひずみやひび割れが検出できる．加えて，AE 計測によりその 3 次元的な発生位置と破壊運動が評価できる．Case 3 は 1,134 秒で初めて荷重が低下し，Case 4 では 1,179 秒で同様の荷重低下が確認された．Case 5 は 977 秒，Case 6 は 522 秒で荷重低下が確認された．Case 1〜Case 4 の鉄筋コンクリートを構築した複合材と比較して，Case 5〜Case 6 の無筋コンクリート部材では，ひび割れ発生に伴う荷重-時間曲線の荷重低下が早期に確認されたことから，Case 1〜Case 4 におけるトラス筋による補強効果が示唆されたものと推察される．

2) AE 指標による曲げ破壊過程におけるひび割れ発生特性

そこで，載荷開始から荷重が初めて低下した時間までに発生した AE を対象に考察を進める．

図 5.6.4 に累積 AE ヒット数と時間の関係を示す．総 AE ヒット数は Case 4 が 266,129 ヒット，Case 6 が 351,455 ヒットであった．累積 AE ヒット数が少ないことは，AE 波の発生すなわち微小なひび割れの発生が少ないことを意味している．トラス筋とコンクリート・パネルを導入した Case 4 の方が，無筋コンクリートである Case 6 と比較して累積 AE ヒット数が少ないことは，鉄筋コンクリート部材の材料安定性の向上が見込めると考えられる．その際，AE 源位置標定（ひび割れ発生位置の同定）結果と累積 AE ヒット数との間には，明確な関係性は確認されなかった．

図 5.6.5 に累積 AE エネルギと時間の関係を示す．累積 AE エネルギの適用範囲は，Case 1 と Case 2 が 0～795 秒，Case 3 が 0～1,134 秒，Case 4 が 0～1,179 秒とした．Case 5 は 0～977 秒，Case 6 は 0～522 秒を累積 AE エネルギの適用範囲とした．図 5.6.3 で示した荷重低下点に着目すると，Case 4 および Case 6 どちらの供試体も，荷重低下直後か荷重が低下するよりも前に累積 AE エネルギの増加傾向が確認され，荷重-時間挙動で顕在化する以前に AE として破壊時に発生するエネルギ解放を同定できていることが明らかになった．このことから，累積 AE エネルギを指標とした供試体の破壊挙動評価が可能であると考えられる．

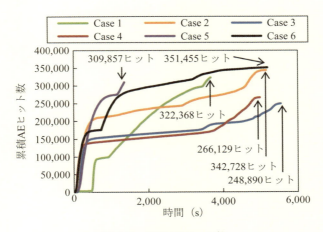

図 5.6.4　累積 AE ヒット数

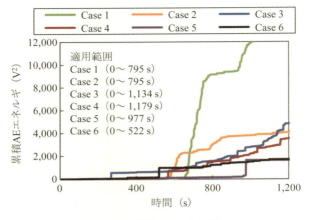

図 5.6.5　累積 AE エネルギ

3）画像解析によるひずみ分布評価と SiGMA 解析結果の関係

　累積AEエネルギの増加と供試体の破壊過程について画像解析とAE-SiGMA解析結果から考察する．検討対象は，載荷開始から初期荷重低下点の最大値 1,179 秒までとする．図 5.6.6 は画像解析による累積 AE エネルギの適用範囲でのひずみ分布を示しており，最大荷重以前の載荷過程において曲げ破壊によるひび割れ発生が確認できる．図中のひずみ分布は引張方向のひずみを正，圧縮方向のひずみを負の数値で示し，赤色に変化するほど引張方向のひずみが大きくなり，紫色に変化するほど圧縮方向のひずみが大きくなることを示している．ひずみの最大値は $+7.50 \times 10^{-3}$，最小値は -6.95×10^{-4} とした．ひずみ分布の座標軸は，画像解析範囲の中心を原点としている．図 5.6.7 に Case 4 の SiGMA 解析による AE 源の位置標定とひび割れ分類結果を示す．SiGMA 解析は MIXED-MODE が混合型ひび割れ，SHEAR がせん断ひび割れ，TENSILE が引張ひび割れを示している．AE パラメータである最大振幅値を位置標定の結果に反映させ，42〜60 dB，61〜75 dB，76〜90 dB に分類し，種類ごとに異なるプロットサイズで表記した．検討の結果，Case 4 において 573 秒でひび割れ発生がひずみ分布から確認された（図 5.6.6）．SiGMA 解析の結果，検出された AE 源ではせん断ひび割れが卓越することが確認された（図 5.6.7）．解析対象は AE 源の位置標定が可能であった載荷開始から 400 秒までの AE データである．せん断ひび割れが卓越した理由は，曲げ応力場で鋼矢板とコンクリートの界面で生じた擦れが生じたためと考えられる．載荷過程の進行により，751 秒でひずみ分布の変

第 5 章　鋼矢板水路の長寿命化における材料および設計の留意点　　183

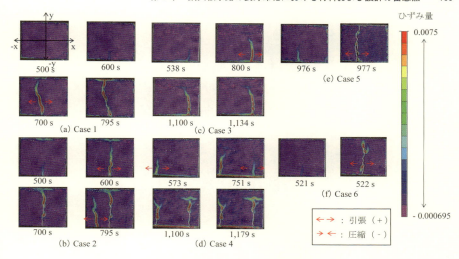

図 5.6.6　DICM で検出したひずみ分布

化から，更なるひび割れの発生を確認し，1,179 秒までに 2 本のひび割れ発生と進展が確認された．その際，コンクリート・パネルとの界面では底部からの曲げひび割れの進展により水平方向ひび割れの発生・発達が確認され，曲げ破壊の進展に伴いコンクリート・パネルと充填コンクリート界面において局所ひずみの蓄積とひび割れが卓越することが示唆された．鋼矢板に無筋コンクリートを被覆した Case 6 では，Case 4 とは異なる実験結果を得た．図 5.6.8 に SiGMA 解析結果を示す．その結果，載荷開始から 520 秒までひずみ分布に変化は確認されなかった．SiGMA 解析の結果，載荷開始から 200～300 秒までは，引張ひび割れが最も多く，次にせん断ひび割れが卓越した．その後，画像解析結果から 521 秒で下部に局所ひずみが確認され，522 秒でひび割れが発生した．図 5.6.6 に示す Case 4 と比較すると，一連の破壊過程の外観的傾向は同一であるが，ひび割れ発生から進展過程の速度やその破壊運動は相違していることが明らかになった．

　以上のことから，補修工を設計計画した際に構造断面の性能照査に本事例で提示した破壊試験に画像解析と AE 計測を組み合わせた実証的検討を行うことで，各種応力場における詳細な破壊運動評価が可能になる．その際，AE パラメータである累積 AE エネルギの増加傾向と供試体の破壊過程には一定の関係性があり，SiGMA 解析を用いることでより詳細な構造断面の耐久性評価が可能になるものと考えられる．

184　第 5 章　鋼矢板水路の長寿命化における材料および設計の留意点

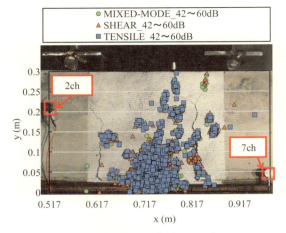

（a）AE源位置標定（0～400 s）

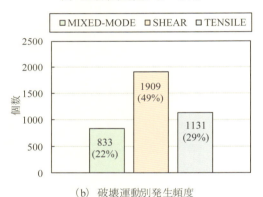

（b）破壊運動別発生頻度

図 5.6.7　SiGMA 解析結果（Case 4）

（4）技術課題－構造断面の耐久性評価－

　表面性状の異なる既設鋼矢板へ表面被覆による補修工を適用する場合，構造断面の耐力評価は，複数の材料を組み合わせて部材を構築している構造的特徴から不可欠である．5.6 では，曲げ応力場のひび割れ発生と破壊運動，局所ひずみ特性を画像解析（DICM）と AE-SiGMA 解析により実験的取り組みを概説した．画像解析により載荷過程に発生するひび割れの発生・進展速度を比較検討できることを明らかになり，その際，AE 計測を導入することにより構造断面の相違に起因する破壊運動の違いを検出・評価できる

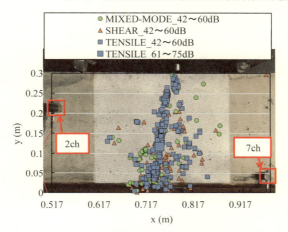

（a）AE源位置標定（200～300 s）

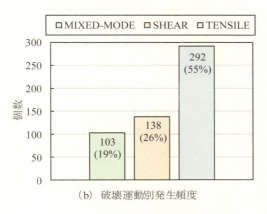

（b）破壊運動別発生頻度

図 5.6.8　SiGMA 解析結果（Case 6）

ことが明らかになった．既設施設では，既設鋼矢板の板厚が不均一であることから，応力集中に伴う低応力下における破壊の集中が懸念される．より施設実態に即した補修工の計画設計には，構造断面の耐久性評価と既設施設の状態評価との組み合わせが不可欠であると考えられる．

5.7 補遺

本節では，5.1〜5.6で記述できなかった事項を補足する．鋼矢板の基本的な文献としては，文献[1-3]を取り上げた．これ以外に，より基本的な部分の記述が多い文献[23]および最新の情報が記述されている文献[24]についても参照されたい．

5.7.1 Changの方法[23]

図5.7.1に示すように地表面に原点をとり，杭の深さ方向に x 軸を，杭のたわむ方向に y 軸をとる．杭頭は自由端とし，水平力 S_0 が作用としているものとする．このときの杭の満たすべき微分方程式は式(5.34)および式(5.35)となる．

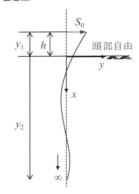

図5.7.1 Changの方法で仮定するモデル

$$EI\frac{dy_1^4}{dx^4} = 0 \qquad 地上部 \tag{5.34}$$

$$EI\frac{dy_2^4}{dx^4} + p = 0 \qquad 地中部 \tag{5.35}$$

Changは杭に作用する反力 p は杭のたわみに比例すると仮定した．

$$p = K_h y \tag{5.36}$$

ここで，

K_h：杭の幅1m当たりの水平方向地盤反発係数（kN/m³）

これらを杭の深さが無限大でかつ杭頭が自由端で水平力 S_0 が作用するという境界条件の下で解けば，梁のたわみ曲線が求まり，それらを微分することにより曲げモーメントを求めることができる．ここでは上で示した微分方程式を解くことはしないが，Changの方法が，①地盤反力を線形と仮定している，②杭の深さを無限大と仮定している，③杭頭を自由端でかつ頭部に水平力が作用している境界条件の下での解であることに注意する必要がある．すなわち，地盤反力が非線形な場合，地盤が均一で無い場合，杭の根入れ長が短い場合，杭頭の境界条件が異なる場合は，5章で示した数式とは異なる結

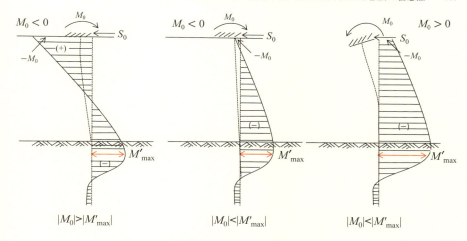

図 5.7.2　頭部の境界条件と曲げモーメント [23]

果が得られ，文献 [23] に示されているような補正が必要となる．頭部の境界条件の違いによる発生する曲げモーメントの変化を図 5.7.2 に示す [23]．

5.7.2　仮想固定点 [23]

5.3 の既設鋼矢板の曲げ応力度の照査では鋼矢板水路を仮想地盤面を固定端とする片持ち梁としてモデル化し作用モーメントを求めた．ここでの問題は仮想地盤面を固定端として取り扱って良いかという点である．

横山は文献 [23] の中で，仮想地盤面の深さを変化させる，すなわち片持ち梁の固定端の位置を変えた解析を行っている．横山はその結果と Chang の方法の結果と比較し検討している．固定端の位置は，論文の中では仮想固定点と呼ばれている（図 5.7.3）．詳細については，文献 [23] を参照していただきたいが，結論だけ述べれば，特性値を β とするとき，仮想固定点を $1/\beta$ の深さに取れば，片持ち梁の結果は Chang の方法とほぼ等しい値を与える．5.3 では既設鋼矢板の仮想固定点として仮想地盤面の深さを用いたが，仮想地盤面の深さは仮想固定点を $1/\beta$ の深さに設定した場合と比較するとやや浅い位置となる．適切な仮想固定点および深さについては今後議論が必要であろう．その際には，横山の提案する $1/\beta$ が一つの候補になると考える．

さて，仮想固定点の有力な候補である $1/\beta$ の工学的な意味についてもう少し考える．この考察も文献 [23] を基にしている．$1/\beta$ は，地盤反力係数を求める式（5.3）を求める

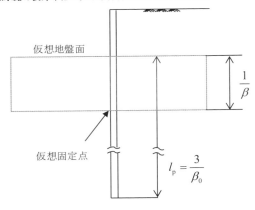

図 5.7.3　仮想固定点

際に出現する．式 (5.3) に用いられる平均 N 値は仮想地盤面より下の $1/\beta$ の範囲の N 値を平均した値である．さらに，この $1/\beta$ の範囲は杭が横抵抗力を発揮するために重要な深さであることが文献 [23] に示されている．これらは，杭の横抵抗力に支配的な地盤の深さが仮想地盤面から $1/\beta$ の範囲であることを示唆している．すなわち，$1/\beta$ の範囲を地盤改良すれば杭の横抵抗に大きく貢献すること，$1/\beta$ より以深の地層は一般的には横抵抗には大きく寄与しない可能性などを示唆している．なお，$1/\beta$ は根入れ長 $3/\beta_0$ の約 1/3 であることも記憶されたい．

5.7.3　曲げ応力度および頭部変位量の精度について [23]

Chang の方法によって求めた地中部の曲げモーメント M_{max} と矢板頭部の変位量 δ の推定値を比較すると，M_{max} の推定精度は高いがそれに較べると δ の推定精度はそれほど高くない．これは，地盤反力の影響を M_{max} が受けにくいのに対し，頭部変位量 δ は地盤反力の影響を受けやすいためと考えられる．例えば，Chang の方法の基本仮定である地盤反力の線形性を逸脱した条件下では頭部変位量の推定精度は大きく低下する．このように，Chang の方法から求まる頭部変位量 δ はかなり大まかな推定値であることに注意が必要である．

5.7.4　片持ち梁の作用荷重

5.3 の既設鋼矢板の作用モーメント M の計算および頭部変位量の δ_3 の計算には土圧分布を集中荷重に換算し計算している．これらの値は荷重条件によって変化するため，実際にどのような荷重が作用し，適切な荷重の設定は何かについて，今後検討が必要と考

第 5 章　鋼矢板水路の長寿命化における材料および設計の留意点　189

表 5.7.1　軽量鋼矢板の継手効率（区分 A, B, C）

照査時点	照査	断面二次モーメント I に対して	断面係数 Z に対して
新設時照査	根入れ長算定時	1.0 （腐食前）	
	曲げ応力度算定時	0.8 （腐食後） [注]	1.0 （腐食後）
	頭部変位量算定時	0.8 （腐食後） [注]	
残存板厚照査, 補修後の照査	根入れ長算定時	1.0 （腐食前）	
	曲げ応力度算定時	0.8 （腐食後）	1.0 （腐食後）
	頭部変位量算定時	0.8 （腐食後）	

注）頭部を笠コンクリートあるいは鋼枠等で拘束する条件の下

表 5.7.2　軽量鋼矢板の継手効率（区分 D, E）

照査時点	照査	断面二次モーメント I に対して	断面係数 Z に対して
新設時照査	根入れ長算定時	1.0 （腐食前）	
	曲げ応力度算定時	1.0 （腐食後）	1.0 （腐食後）
	頭部変位量算定時	1.0 （腐食後）	
現有板厚照査, 補修後の照査	根入れ長算定時	1.0 （腐食前）	
	曲げ応力度算定時	1.0 （腐食後）	1.0 （腐食後）
	頭部変位量算定時	1.0 （腐食後）	

える.

5.7.5　軽量鋼矢板の継手効率

　区分 A～C 型の軽量鋼矢板は，鋼矢板の 1 枚あたりの中立軸と壁体の中立軸が一致しないため，せん断力による継手のずれが懸念される．このずれを考慮するために継手効率係数を設ける．一方，区分 D, E 型の軽量鋼矢板では水路壁の中立軸は継手から離れているため全ての照査ケースで継手効率は 1.0 とする．軽量鋼矢板の継手効率を表 5.7.1 ～2 に示す.

5.7.6　板厚と断面係数の求め方

　新設時と共用時の鋼矢板水路の板厚の経時変化の様子を図 5.7.4 に示す．共用のある時点で板厚を測定したところ，図 5.7.4 のように水路側の腐食深さが t_1 および背面側の腐食深さ t_2 が得られたとする．その場合は，式（5.5.37）にて水路側の腐食深さの推定値 $t_1{}'$ を求め，図 1.5.1～5 の低減直線から鋼矢板断面低減率 η_1, η_2 を求め，腐食後の鋼矢板の断面 2 次モーメント I_a および断面係数 Z_a を求めことができる.

第 5 章　鋼矢板水路の長寿命化における材料および設計の留意点

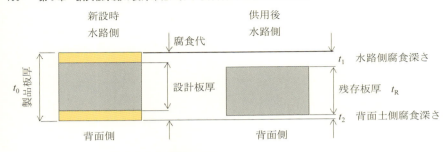

図 5.7.4　鋼矢板水路の水路側および背面側の板厚の経時変化

$$t'_1 = \frac{t_1 + t_2}{2} \tag{5.37}$$

$$I_a = \frac{\eta_I I_0}{100} \tag{5.38}$$

$$Z_a = \frac{\eta_Z Z_0}{100} \tag{5.39}$$

ここで，

- η_I　：腐食後の鋼矢板断面 2 次モーメント低減率（％）
- η_Z　：腐食後の鋼矢板断面係数低減率（％）
- I_0　：腐食前の製品鋼矢板の断面 2 次モーメント（mm^4）
- Z_0　：腐食前の製品鋼矢板の断面係数（mm^3）
- I_a　：腐食後の供用鋼矢板の断面 2 次モーメント（mm^4）
- Z_a　：腐食後の供用鋼矢板の断面係数（mm^3）

ただし，実際の調査から t_1 および t_2 を実測することは難しいため，超音波厚さ計などを用いて，残存板厚 t_R を求め，製品板厚 t_0 から引き，t_1+t_2 を求めても良い．この場合は，腐食深さの推定値 t_1' を式（5.39）にて求めてもよい．

$$t'_1 = \frac{t_1 + t_2}{2} = \frac{t_0 - t_R}{2} \tag{5.40}$$

5 章の式（5.13）で示した断面係数の式では，式（5.36）の水路側の腐食深さの推定値 t_1' を用いない．式（5.13）の腐食厚 d_c は図 5.7.4 の製品厚さ t_0 から残存厚さ t_R を引いた

値，すなわち $t_1 + t_2$ に等しくなる．

$$d_c = t_0 - t_R = t_1 + t_2 \tag{5.41}$$

この値を用いて，供用後の腐食量 d_c である軽量鋼矢板の断面 2 次モーメント I_a および断面係数 Z_a を以下の式から求めることができる．

$$Z_a = (Z_0 - a d_c) \times 10^3 \tag{5.13 再掲}$$

$$I_a = \frac{Z_a}{Z_0} I_0 \tag{5.42}$$

参考文献

1) 農林水産省農村振興局整備部設計課監修：土地改良事業計画設計基準「水路工」，公益社団法人農業農村工学会，（2014）.
2) 社団法人鋼材倶楽部：新版軽量鋼矢板設計施工マニュアル，（2000），軽量鋼矢板技術協会.
3) 鋼矢板技術委員会：鋼矢板 Q&A，一般社団法人　鋼管杭・鋼矢板技術協会，（2017）.
4) 甲本達也，V. V. R. Sastry，J. E. R. Sumampouw，F. J. Manoppo：水平荷重を受ける均一地盤中たわみ性杭の変形挙動について，佐賀大農学部彙報，77（1994），pp.83-88.
5) 内田豊彦，岩崎正二，福井正幸：自立式矢板防波堤および係船岸の自動設計，港湾技研資料，428，（1982），pp.17-19.
6) 国土交通省中部地方整備局：河川構造物設計要領「第 4 編参考資料」，国土交通省中部整備局河川部，（2016），pp.8-9.
7) 横山幸満：たわみ曲線法による矢板壁の計算（1978），土と基礎，27（6），pp.15-20.
8) 農林水産農村振興局整備部：農業水利施設の補修・補強工事に関するマニュアル【鋼矢板水路腐食対策（補修）編】（2019）.
9) 国土交通省港湾局監修：港湾の施設の技術上の基準・同解説（上巻）（2018），公益社団法人日本港湾協会，pp.474-475.
10) 土田真生，島本由麻，鈴木哲也，浅野勇：鋼矢板－鉄筋コンクリート複合材の曲げ載荷過程における破壊挙動評価に関する研究，コンクリート工学年次論文集，Vol.40，No.1，（2018），pp.1491-1496.
11) 土田真生，島本由麻，五十嵐正之，大野剛，鈴木哲也，浅野勇：鋼矢板-鉄筋コンクリート複合材の曲げ載荷過程における破壊挙動評価－SP ガード工法の開発－，鋼矢板水路の腐食実態と補修・補強対策，株式会社第一印刷所，（2017），pp.70-75.
12) 島本由麻，鈴木哲也，五十嵐正之，大野剛，浅野勇：AE エネルギを指標とした 4 点曲げ載荷試験による鋼矢板－被覆コンクリートの破壊挙動評価，コンクリート構造物の補修，補強，アップグレード論文報告集，17，（2017），pp.309-314.
13) 峰村雅臣，羽田卓也，萩原太郎，原斉，森井俊広，鈴木哲也：腐食鋼矢板リサイクルに基づく農業用排水路の長寿命化－継ぎ鋼矢板の開発と現地適用に関する実証的研究－，ARIC 情報，112，（2014），pp.28-33.
14) Suzuki, T., Ogata, H., Takada, R., Aoki, M. and Ohtsu, M.: Use of Acoustic Emission and X-Ray Computed Tomography for Damage Evaluation of Freeze-Thawed Concrete, Construction and Building Materials, Vol.24, (2010), pp.2347-2352.
15) Suzuki, T. and Ohtsu, M.: Use of Acoustic Emission for Damage Evaluation of Concrete Structure Hit by the Great East Japan Earthquake, Construction and Building Materials, Vol.67, (2014), pp.186-191.
16) Suzuki, T., Shiotani, T. and Ohtsu, M.: Evaluation of Cracking Damage in Freeze-Thawed Concrete using Acoustic Emission and X-ray CT Image, Constructions and Building Materials, Vol.136, (2017), pp.619-626.
17) 島本由麻，鈴木哲也，山岸俊太朗，森井俊広：水利施設のひび割れ損傷から発生する AE のノイズ除去手法の検討，土木学会論文集 A2（応用力学），Vol.71，No.2，（2015），pp.I.91-I.98.
18) Sutton, M. A., Orteu, J. J. and Schreier, H. W.: Image Correlation for Shape, Motion and Deformation Measurements, Springer，（2009），pp.81-118.
19) 日本非破壊検査協会編：アコースティック・エミッション試験 II，日本非破壊検査協会，（2008），pp.36-41.
20) Ohtsu, M. and Grosse, C. U. Edit: Acoustic Emission Testing, Springer, (2008), pp.175-200.
21) 鈴木哲也：農業水利施設の水理・水利用実態に起因する鋼矢板材の腐食とその補修・補強対策，農業農村工学会材料施工研究部会第 53 回シンポジウム講演要旨集，（2016），pp.23-29.

第 5 章 鋼矢板水路の長寿命化における材料および設計の留意点 193

22) 日本非破壊検査協会編：アコースティック・エミッション試験 II，日本非破壊検査協会，(2008)，pp.60-61.
23) 横山幸満：鋼杭の設計と施工増補版，(1971)，山海堂.
24) 国土交通省港湾局監修：港湾の施設の技術上の基準・同解説（上中下巻），(2018)，公益社団法人日本港湾協会.

おわりに

　本書は，鋼矢板水路を対象に腐食実態や補修，補強など，近年の技術的議論を取りまとめたものである．著者らは，鋼矢板水路を対象に具体的な補修・補強工の開発や腐食劣化実態の調査研究を進めている．その一環として，農林水産省により発刊された「農業水利施設の補修・補強工事に関するマニュアル（鋼矢板水路腐食対策（補修）編）」の作成に参画するなど，鋼矢板水路の関する技術的課題の解決を模索してきた．一連の議論を集約する目的で2017年11月には，新潟県土地改良事業団体連合会講堂において平成29年度腐食鋼矢板技術講習会「鋼矢板水路の腐食実態と補修・補強対策」を実施し，農業農村工学を専門とする研究者や技術者を対象に最新の技術成果を取りまとめた．本書の大部分は，それらを更に具体的かつ詳細に検討したものである．掲載した研究事例は，各地域で現在取り組みが進められている特有の技術課題において参考になるものと考えている．今後は，補修工や補強工を実施した施設の長期耐久性能や損傷蓄積に基づく性能低下など複合材料の特徴を材料学的観点から同定するための更なる技術開発が必要である．その際，材料学的な性能低下と補修工，補強工および更新を含めた設計計画法の高度化は不可欠である．本書により多くの技術者に鋼矢板水路の現状をご理解いただき，掲載した研究事例が少しでも社会に役立つことを期待している．

　なお，本書の内容の多くは，さらに議論を必要とする課題も多いことから，今後，本書の改訂を考える予定である．読者からの忌憚のないご意見とご指摘を期待する．

2019 年 10 月

鈴木　哲也

索　引

A

AE 計測（試験）················ 100，177

AE 指標·································181

アノード（反応）··············33，103

当て板································· 72

B

防食下地 ······················ 64，67，71

防食塗装 ······················· 38，68

分極抵抗法 ·····························101

C

Chang の方法 ··············· 28，125，186

超厚膜形ポリウレタン樹脂系 ···········

·································66，70，82

超高圧水洗浄 ······················· 77

超音波板厚計 ················49，55，101

超音波試験 ·····························100

D

大地抵抗率 ························· 47，50

断面二次モーメント ·····················

·······················23，152，167，172

断面係数 ································ 23，

145，154，163，166，170，189

断面欠損 ········ 44，57，80，138，145

断面性能 ····························· 19，22

弾性シーリング材 ······················· 72

泥炭 ································· 52

電気防食 ······················· 38，63

導電率 ································ 55

E

塩化物イオン濃度 ················· 50，57

エポキシ樹脂塗装系 ············· 66，75

F

不動態 ······················· 34，92

複合材料 ················ 88，175，179

ふくれ································ 73，80

不陸調整材 ····························· 80

腐食 ····························· 15，43

腐食厚·································147

腐食電流 ·····················38，101

腐食機構 ····················· 32，104

腐食代 ············· 22，37，147，174

腐食速度 ········ 34，36，44，155，169

普通鋼矢板 ····················· 15，75

付着強度試験 ····························· 79

G

外部電源方式 ····················· 39，64

画像計測 ·····························179

現地実証試験 ····························· 70

H

排水（路） ……………… 43, 47, 53
ハット形鋼矢板 ……………… 17, 19, 24
ひび割れ ……………………… 15, 181
非破壊評価 …………………… 98, 101
非破壊検査 …………………………… 98
非破壊試験 …………………… 98, 100
ひずみ分布 …………………………… 182
ひずみ計測 …………………………… 100
補修 ……………… 63, 137, 153, 168
補強 ………………………… 63, 65, 137
放射率 …………………………………… 105
放射線透過試験 ……………………… 100

I

一般構造用圧延鋼材 ………………… 18
1 種ケレン ……………………………… 70
板厚 …………… 101, 144, 145, 190

J

地盤反力 ………………………………… 131
自立式護岸 ………………………… 27, 124
重防食塗装 ……………………………… 66
重防食鋼矢板 …………………… 65, 90
受働土圧 ………………………………… 124
重曹ブラスト …………………………… 70

K

開孔 ……………………………………… 57

（右段）

乾食 ……………………………………… 33
カソード（反応） …………………… 33, 103
仮想地盤面 ……… 124, 126, 159, 162
仮想固定点 ……………………………… 187
軽量鋼矢板 …………………… 15, 18, 20
傾倒 ……………………………………… 45
欠陥 ……………………………………… 15, 99
き裂 ……………………………………… 15
切梁式護岸 ……………………………… 29
期待耐用年数 …………………… 68, 82, 155
きず ……………………………………… 15, 99
コンクリート被覆 ………… 38, 65, 86
高圧水洗浄 ……………………………… 77
黒体 ……………………………………… 105
更新（工法） …………………… 63, 65, 89
孔食 ……………………………………… 91
鋼帯（コイル） ………………………… 15
鋼矢板 …………………………………… 15
鋼矢板－コンクリート複合材 …………
………………………… 88, 175, 179
構造設計 ………………………………… 88
クラック ………………………………… 15
クリギング法 …………………………… 116
空間統計手法 …………………………… 106
許容変位量 …………………… 85, 131

M

曲げ破壊過程 ………………………… 181
曲げ応力度 ……………………………………
… 144, 154, 157, 165, 171, 188

曲げ載荷試験 ·······················176
マクロセル腐食 ················57, 105
ミクロセル腐食 ·····················105
目視試験 ····························100
漏れ試験 ····························100

N

ナゲット効果 ························108
根入れ長 ·····················129, 160
中塗り ·······························66
熱間圧延鋼矢板 ······················17
熱膨張係数 ···························76
新潟県亀田郷地区 ·····················47

O

オープンブラスト ·····················77

P

パネル被覆工法 ······64, 84, 156, 169
pH ·································55
プライマー ···························66

R

ラグ ·······························108
ライフサイクルコスト（LCC） ······90
冷間ロール成形 ······················15
劣化 ·······················15, 47, 99
劣化曲線 ····························47
レンジ ······························108
ロールフォーミング工程 ··············17

流電陽極方式 ·····················39, 64

S

錆汁 ·······························74
最多頻度水位 ························53
再生工法 ····························62
サンダーケレン ·····················77
作用荷重 ····························188
作用曲げモーメント ········127, 134,
　　　145, 154, 157, 160, 163, 169
性能評価 ·······························
　　··· 139, 144, 154, 156, 161, 168
性能低下 ·················43, 52, 57
性能低下曲線 ························46
赤外線サーモグラフィ法······100, 105
赤外線画像 ··························105
積雪 ·······························59
積雪寒冷地域 ························52
セミバリオグラム ·············108, 113
雪庇 ·······························59
止水 ··························72, 81
下塗り ······························66
初期点検 ····························83
SiGMA 解析 ·················178, 182
シル ·······························108
湿食 ··························32, 57
素地調整 ·······················66, 76
損傷 ··························15, 99
水位変動部 ··························44
水質 ·······························57

スリット工程 ······················ 16
ステンレス鋼矢板 ·········· 65, 91
主働土圧 ························ 124

T

耐圧試験 ························ 100
大気腐食 ························ 34
耐候性塗料 ······················ 66
耐久性評価 ················ 174, 184
タイロッド式護岸 ················ 31
探傷試験 ························ 100
淡水 ····························· 34
鉄筋コンクリート被覆工法 ·········· 65
倒壊 ····························· 57
継手効率 ····················21, 189
追跡調査 ························ 83

U

UAV ···························116

W

ウォータージェット ················ 70

Y

矢板頭部変位量 ··························
········ 130, 135, 151, 156, 158,
160, 166, 172, 173, 188
溶接用熱間圧延鋼矢板 ·············· 17
溶存酸素濃度 ···················· 34, 57
有機系被覆工法 ················ 63, 66

Z

残存板厚 ········ 49, 57, 145, 165, 171
全放射能 ························ 106

U 形鋼矢板 ···················· 18, 20
裏込めコンクリート ················ 66
上塗り ··························· 66

著者略歴・担当執筆部位

浅野　勇（あさの　いさむ）　編著者，第2章・第5章
　　1962年　東京都に生まれる
　　1988年　東京農工大学農学部農業工学科卒業
　　　　　　農林水産省
　　1998年　（独）農業工学研究所造構部構造研究室　主任研究官
　　2016年　農研機構農村工学研究部門施設工学研究領域施設保全ユニット長
　　現在に至る

五十嵐　正之（いからし　まさゆき），第3章
　　1959年　新潟県に生まれる
　　1982年　金沢工業大学工学部土木工学科卒業
　　　　　　（株）アドヴァンス（旧北日本ブロック工業（株））
　　2013年　共和コンクリート工業（株）農業推進部　次長
　　現在に至る

石神　暁郎（いしがみ　あきお）　編著者，第2章
　　1971年　東京都に生まれる
　　1995年　東京理科大学理工学部工業化学科卒業
　　2011年　（独）土木研究所寒地土木研究所　研究員
　　2017年　国立研究開発法人土木研究所寒地土木研究所　主任研究員
　　現在に至る

稲葉　一成（いなば　かずなり），第3章
　　1964年　東京都に生まれる
　　1994年　新潟大学大学院自然科学研究科博士後期課程修了
　　　　　　（財）砂防地すべり技術センター　技師

1996 年　秋田県立農業短期大学　講師
1999 年　新潟大学大学院自然科学研究科　助手
2007 年　新潟大学自然科学系　助教
現在に至る

大野　剛（おおの　たけし），第 3 章
1966 年　北海道に生まれる
1991 年　宇都宮大学農学部農業開発工学科農業土木専修卒業
　　　　共和コンクリート工業（株）
2016 年　同上　農業推進部　次長
現在に至る

大高　範寛（おおたか　のりひろ），第 1 章・第 3 章・第 4 章
1974 年　茨城県に生まれる
2001 年　東京理科大学大学院理工学研究科博士前期課程修了
2019 年　日鉄建材（株）土木開発技術部土木・防災技術室　室長
現在に至る

上條　達幸（かみじょう　たつゆき），第 3 章
1952 年　長野県に生まれる
1975 年　千葉大学工学部工業化学科卒業
　　　　ショーボンド建設（株）
2013 年　田中シビルテック（株）技術開発部　部長
現在に至る

川邉　翔平（かわべ　しょうへい），第 2 章・第 5 章
1982 年　埼玉県に生まれる
2011 年　東京理科大学大学院理工学研究科博士後期課程修了
　　　　東京理科大学理工学部　助教
2014 年　農研機構農村工学研究所施設工学研究領域　任期付研究員

2017 年　農研機構農村工学研究部門施設工学研究領域　主任研究員
　　　　　現在に至る

島本　由麻（しまもと　ゆま），第 4 章・第 5 章
　　　　　1987 年　新潟県に生まれる
　　　　　2018 年　新潟大学大学院自然科学研究科博士後期課程修了
　　　　　　　　　　北里大学獣医学部　助教
　　　　　現在に至る

鈴木　哲也（すずき　てつや）　編著者，第 2 章・第 3 章・第 4 章・第 5 章
　　　　　1971 年　東京都に生まれる
　　　　　2006 年　熊本大学大学院自然科学研究科博士後期課程修了
　　　　　　　　　　日本大学生物資源科学部　助手
　　　　　2011 年　新潟大学自然科学系　准教授
　　　　　2018 年　同上　教授
　　　　　現在に至る

藤本　雄充（ふじもと　ゆうじ），第 1 章・第 3 章・第 4 章
　　　　　1985 年　千葉県に生まれる
　　　　　2009 年　日本大学理工学部土木工学科卒業
　　　　　2019 年　日鉄建材（株）土木開発技術部土木・防災技術室　マネージャー
　　　　　現在に至る

山内　祐一郎（やまうち　ゆういちろう），第 1 章・第 2 章・第 3 章・第 5 章
　　　　　1975 年　東京都に生まれる
　　　　　1999 年　東京農業大学農学部農業工学科卒業
　　　　　　　　　　太陽コンサルタンツ（株）（現 NTC コンサルタンツ（株））
　　　　　　　　　　東京支社技術部第 3 課　課長
　　　　　現在に至る

JCOPY ＜出版者著作権管理機構 委託出版物＞

2019	2019 年 10 月 1 日　第 1 版第 1 刷発行	
農業用鋼矢板水路の 腐食実態と長寿命化 対策		鈴　木　哲　也
著者との申 合わせによ り検印省略	編　著　者	浅　野　　　勇
		石　神　暁　郎
©著作権所有	発　行　者	株式会社　養　賢　堂 代表者　及　川　清
定価（本体5000円＋税）	印　刷　者	株式会社　丸井工文社 責　任　者　今井晋太郎

〒113-0033 東京都文京区本郷5丁目30番15号

発 行 所　株式会社 養賢堂　TEL 東京 (03) 3814-0911　振替00120
FAX 東京 (03) 3812-2615　7-25700
URL http://www.yokendo.com/

ISBN978-4-8425-0575-6　C3061

PRINTED IN JAPAN　　　　　製本所　株式会社丸井工文社

本書の無断複製は著作権法上での例外を除き禁じられています。
複製される場合は、そのつど事前に、出版者著作権管理機構の許諾
を得てください。
（電話 03-5244-5088、FAX 03-5244-5089、e-mail：info@jcopy.or.jp）